現代数学への入門　新装版

微分と積分 2

現代数学への入門　新装版

微分と積分 2

多変数への広がり

高橋陽一郎

岩波書店

まえがき

　この本は岩波講座『現代数学への入門』の1分冊である「微分と積分2」（岩波書店，1995年）を単行本化したものである．微分積分の世界の広がりと豊かな内容を伝えることを目的とし，ある範囲の直観的な理解のしかたは認めて，多くの例や図を用いて概念や手法の意味を説明することを心掛け，要所では厳密な論理も紹介している．

　微分積分学は現代数学に必須の基礎であるとともに，諸科学や技術を支える共通の基盤である．微分積分法が誕生したのは17世紀前半，完成したのは19世紀，そして今はもう21世紀である．そこに蓄積された知見は深く，その適用範囲は広い．また，最先端の数学の新たな展開の場面ごとに，微分積分の計算が重要な糸口を与えることも多い．しばしば言われるように，「微分積分のあるものは非常にやさしく，あるものは途方もなく難しい．」

　産声をあげて間もないころ，微分積分学がまだ十分な力量を備えていない時代には，曲線や図形の性質を利用した幾何学的な直観に基づいて，あるいは古典力学や光学的な描像を頼りに，微分や積分を求めていた．おおらかな微分積分は，天才たちの世紀といわれる18世紀まで健やかな発展を遂げ，豊かな果実をもたらし，無限級数や無限積の表現するものの深さを知り，力学や天文学などの種々の対象の解析が行われる．

　しかし，無限や極限という概念は奥深く，直観に依拠した解析学は18世紀末からほころびを見せはじめる．フーリエ級数や変分法は，その有用性の一方で，当時の数学の論理的基礎の脆弱さを露呈させ，巨匠たちでさえ間違い証明を公表する．19世紀数学の輝かしい展開[*1]の背後で，この世紀の中葉以後，積分や最大最小を考えるためには連続関数とは何であるかを見極める

---

　*1　例えば，F. クライン『19世紀の数学』（彌永昌吉監修，石井省吾・渡辺弘訳，共立出版，1995年，原著は1926年）は，1つの代表的な19世紀数学のとらえ方の例である．

必要に迫られ，そのためには実数とは何であるかをつきつめなければならず，さらには，集合や論理とは何であるかまでを問い直すことになった．

　20世紀に入り，その論理的な基礎が固まったことにより，数学は無限を掌中に収める．それまでの微分積分，複素関数や微分方程式，フーリエ級数や変分法，そして積分方程式論などの古典解析に加えて，ルベーグ積分，ヒルベルト空間やバナッハ空間，ブラウン運動，超関数など現代数学の概念が登場してくる．数学の教科書でも厳密 (rigorous) に記述することを最優先させ，日常語からほど遠い ε–δ 論法などの独特の言いまわしを駆使し，舞台裏を窺いしれない，完成され凝縮された形式で数学が表現されるようになる．

　振り返ってみると，1970年代から数学者たちはふたたび無限をおおらかに取り扱いはじめ，1990年ころには「無限」は数学のほぼ全領域が共有するキーワードとなったように思われる．教育においても厳密さの側面のみを重視し過ぎたことへの反省の声も耳にするようになった．「厳密でなければ数学でない．しかし，中身がなければやはり数学でない．」

　最初に述べたように，この本では，数学の中身とその豊かさを読者に伝えることを第一に考え，多変数関数の微分積分について2変数関数の場合を中心にその基本的な内容を紹介している．一方，無限次元を意識して，曲線の追跡や2次曲面の分類なども取り上げて1次だけでなく2次の世界までの理解を目指した．ただし，厳密な論理展開も数学の豊かさの一部であり，将来，より高くより深い数学を目指す読者は，数学を支える厳密な論理を十分に習得する必要がある．

　最後に，本書を書くにあたっては，岩波講座の編集委員および数学内外の方々からのご助言やご批判を参考にさせていただいたこと，また，岩波編集部，とくに濱門麻美子さんには，図なども含めて，たいへんお世話になったことに深い感謝の意を表したい．

　2003年6月

高橋陽一郎

学習の手引き

　この本は，1変数関数の微分積分法を，直観的な理解のもとに一通り学習した読者を対象として，その内容を深め，2変数関数を中心として多変数の関数の微分積分学の世界の広がりを紹介することを目指している．高等学校までの数学とのつながりも重視して，日本語の表現についても日常の日本語や高校教科書の記述に近い形からはじめるように心掛け，しだいに現代数学の簡潔な表現に慣れるための橋渡しの役割も意識したつもりである．

　この本程度の内容まで理解できれば，複素関数論や微分方程式論を学ぶためにも，また自然科学や工学，経済学その他の分野の基礎としても十分であり，大きく視野が開けるものと期待している．なお，ベクトルや行列，行列式についてもある程度は学んでいることが望ましいが，本書を読みながら必要な知識を補えば十分であろう．

　各章の配列は，姉妹書である青本和彦『微分と積分1』とのつながりに配慮したものであるが，多変数関数の微分(第3, 4章)から読みはじめて積分(第1章)に戻ってもよい．ただし，第2章の一部は参照する必要があるかもしれない．

　まえがきにも述べたとおり，この分冊では，ある範囲の直観は前提として，さまざまな例を通して，数学の豊かな内容を伝えることに配慮したつもりである．最初に読むときはざっと通読して，全体像をまず理解することが必要であるが，これらの内容を本当に自分のものとしたいときには，あまり先を急がずに，問や章末の演習問題などを利用して，みずからの手を動かして計算し，確実に一歩ずつ進んでほしい．

　なお，検索に便利なように，定義，定理，補題，例題，例，注意などを区別せずに通し番号が付けてあるが，それぞれの重みは異なるので，注意していただきたい．

　第 1 章では，『微分と積分 1』で学んだ 1 変数の場合の積分の知識（広義積分を含む）を前提として，区分求積法の考え方を積極的に利用し，単関数近似の極限として積分を考える．この章の積分では，2 次元の場合の積分範囲は長方形に限定されるが，有用な諸定理，例えば，積分極限との交換やフビニの定理（多重積分と累次積分，積分順序の交換）などを容易に導くことができ，いろいろな積分が計算できるようになる．なお，より一般の積分は第 5 章で扱われる．（注．通常のリーマン積分では，とくにフビニの定理の証明が著しく難しく，本シリーズの入門という趣旨の範囲を越えてしまう．また，一部を除けば，厳密に扱っている教科書も少ない．この簡易版では 1 次元でもある種のリーマン積分可能な関数は除外されることになるが，その多くは広義積分と理解すればことがすむ．）

　第 2 章では，実数についての直観を上限の存在など公理の形に整理し，そこから，中間値の定理，最大値の定理，一様連続性など，連続関数の基本的な性質を厳密に導く．2 変数以上の場合にも，1 変数のときと同じように連続関数が考えられる．また，ワイエルシュトラスの多項式近似定理では，もっとも簡単なベルンシュタインによる証明を用い，その背後にある「大数の法則」とよばれる定理の説明を補った．

　第 3 章では，多変数関数について，1 次と 2 次の微分を扱い，2 次までの近似の理解，および，ヘッセ行列と 2 次曲面の形状，2 次形式と対称行列の標準形とを一体のものとして理解することを目指している．この章の内容はこれまでの多くの教科書では，微分積分と線形代数とに泣き別れていたものであるが，応用上も現代数学へ進むためにも，このような理解の仕方が大切と考える．具体的な関数が与えられたならば，その微分，ヘッセ行列と，対応する接平面，2 次曲面の形が思い浮かぶようになってほしい．なお，ここでいう微分は，以前は，全微分とよばれていることがふつうであった．

　第 4 章は多変数の微分法で，2 変数の場合を中心にして，テイラーの定理（多項式近似）を導き，応用として，最大最小を，また，2 変数を中心に陰関数定理，逆関数定理の応用として，曲線の追跡を扱っている．最大最小を考えるためには，境界や閉集合，開集合などの概念も必要となる．曲線の追跡

では第3章での理解を駆使することになる．なお，多変数の場合のテイラー
級数展開については紙数の都合で触れないこととした．

　第5章では，より一般的な積分や面積，線積分を扱う(ただし，2, 3次元)．
微分積分学の基本公式の多次元への拡張には2つの方向がある．1つは，長
さ，面積から線積分，グリーンの公式とつながる方向である．もう1つは，
密度積分であるが，ここでは，密度定理のみを扱い，その応用として，積分
の変数変換の公式を導いている．

目　　次

まえがき　・・・・・・・・・・・・・・・・・　*v*

学習の手引き　・・・・・・・・・・・・・・　*vii*

第1章　単関数と積分・・・・・・・・・・　*1*

　§1.1　単関数とその積分　・・・・・・・・・　*1*

　§1.2　積分の定義　・・・・・・・・・・・・　*6*

　§1.3　積分の極限　・・・・・・・・・・・・　*11*

　§1.4　長方形上の積分とフビニの定理・・・・・　*18*

　§1.5　積分記号下の微分・・・・・・・・・・　*26*

　ま と め　・・・・・・・・・・・・・・・・　*31*

　演習問題　・・・・・・・・・・・・・・・・　*31*

第2章　連続関数　・・・・・・・・・・・　*35*

　§2.1　実数の基本性質と連続関数・・・・・・・　*35*

　（a）　上限の存在・・・・・・・・・・・・・　*35*

　（b）　区間縮小の原理・・・・・・・・・・・　*42*

　§2.2　一様連続性，ワイエルシュトラスの
　　　　　多項式近似定理・・・・・・・・・　*49*

　§2.3　多変数の連続関数・・・・・・・・・・　*55*

　ま と め　・・・・・・・・・・・・・・・・　*62*

　演習問題　・・・・・・・・・・・・・・・・　*62*

第3章　多変数関数の微分と1次, 2次近似・・・　*63*

　§3.1　多変数の1次関数と2次関数・・・・・・・　*63*

　§3.2　多変数関数の微分・・・・・・・・・・・　*70*

§3.3　臨界点と極大極小 ・・・・・・・・・・・・・・　*78*

§3.4　2次形式の標準形と対称行列の対角化 ・・・・　*85*

まとめ ・・・・・・・・・・・・・・・・・・・・　*90*

演習問題 ・・・・・・・・・・・・・・・・・・・　*91*

第4章　多変数の微分法とその応用 ・・・・・・・　*93*

§4.1　合成関数の微分とテイラーの定理 ・・・・・・　*93*

§4.2　最大最小 ・・・・・・・・・・・・・・・・・　*98*

§4.3　陰関数定理と逆関数定理 ・・・・・・・・・・　*105*

§4.4　曲線の追跡 ・・・・・・・・・・・・・・・・　*118*

まとめ ・・・・・・・・・・・・・・・・・・・・　*126*

演習問題 ・・・・・・・・・・・・・・・・・・・　*126*

第5章　長さ，面積，積分 ・・・・・・・・・・・　*129*

§5.1　長さと面積 ・・・・・・・・・・・・・・・・　*129*

§5.2　平面図形上での積分 ・・・・・・・・・・・・　*138*

§5.3　平面上での広義積分 ・・・・・・・・・・・・　*146*

§5.4　密度定理と積分の変数変換 ・・・・・・・・・　*153*

§5.5　線積分 ・・・・・・・・・・・・・・・・・・　*161*

まとめ ・・・・・・・・・・・・・・・・・・・・　*168*

演習問題 ・・・・・・・・・・・・・・・・・・・　*168*

現代数学への展望 ・・・・・・・・・・・・・・・　*171*

参考書 ・・・・・・・・・・・・・・・・・・・・　*175*

問解答 ・・・・・・・・・・・・・・・・・・・・　*177*

演習問題解答 ・・・・・・・・・・・・・・・・・　*183*

索引 ・・・・・・・・・・・・・・・・・・・・・　*189*

数学記号

$\mathbb{N}$	自然数の全体
$\mathbb{Z}$	整数の全体
$\mathbb{Q}$	有理数の全体
$\mathbb{R}$	実数の全体
$\mathbb{C}$	複素数の全体

ギリシャ文字

大文字	小文字	読み方
A	α	アルファ
B	β	ベータ （ビータ）
Γ	γ	ガンマ
Δ	δ	デルタ
E	$\epsilon,\ \varepsilon$	エプシロン （イプシロン）
Z	ζ	ゼータ　ジータ
H	η	エータ　イータ
Θ	$\theta,\ \vartheta$	テータ　シータ
I	ι	イオタ
K	κ	カッパ
Λ	λ	ラムダ
M	μ	ミュー
N	ν	ニュー
Ξ	ξ	クシー　グザイ
O	o	オミクロン
Π	$\pi,\ \varpi$	（ピー）　パイ
P	$\rho,\ \varrho$	ロー
Σ	$\sigma,\ \varsigma$	シグマ
T	τ	タウ　（トー）
Υ	υ	ユプシロン
Φ	$\phi,\ \varphi$	（フィー）　ファイ
X	χ	（キー）　カイ
Ψ	ψ	プシー　プサイ
Ω	ω	オメガ

単関数と積分

　この章では，単関数(または，階段関数)による近似を用いて，まず，区間
上の連続関数や区分的連続関数の積分を定義し，積分と極限の順序交換など
を考える．

　さらに，長方形の上の関数の積分も同様の方法で定義し，フビニの定理(累
次積分との関係，積分の順序交換)，積分記号下での微分などを学ぶ．なお，
多変数の場合のリーマン積分は第5章で扱う．

　この第1章では，やや抽象的な議論も必要となる．そのような部分に興味
を感じない読者は，例や例題を理解しておいて，残りの部分は将来，必要性
を感じたときに読み直せば十分である．その際には，第5章を続いて読むと
よい．

§1.1　単関数とその積分

最初に，素朴な面積の概念を思い出そう．

平面図形 D が与えられたとき，その面積 S は次の手順で求められる(図
1.1 参照)．

（1）　平面の縦横それぞれを適当な刻み幅 h, k で切り分けて，面積 hk の
　　　小長方形に分ける．

（2）　D の中にある小長方形の数 $\underline{N}$ と，D と共通部分をもつ小長方形の

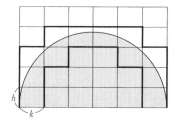

図 1.1 $f(x) = \sqrt{1-x^2}$ $(-1 \leqq x \leqq 1)$ と x 軸で囲まれる半円の面積

数 $\overline{N}$ を数え上げて，$\underline{S} = \underline{N}hk$, $\overline{S} = \overline{N}hk$ とおく．（$\underline{S}, \overline{S}$ は S の近似値で，$\underline{S} \leqq S \leqq \overline{S}$.）

（3）　$h, k \to 0$ のとき，

$$\overline{S} - \underline{S} \to 0 \tag{1.1}$$

ならば，極限値

$$S = \lim_{h, k \to 0} \overline{S} = \lim_{h, k \to 0} \underline{S}$$

が図形 D の面積である．（もし，(1.1)が成り立たなければ，D の面積は定義されない．）

　この考え方を利用して，関数 $f(x)$ $(a \leqq x \leqq b)$ の積分を定義するために，近似する関数が必要となる．

　定義 1.1　関数 $s(x)$ が次のように表示できるとき，$s(x)$ を**単関数**(simple function)（または，階段関数）という：

$$s(x) = \begin{cases} c_i & (x_{i-1} < x < x_i, \; i = 1, 2, \cdots, n) \\ 0 & (x < x_0, \; x > x_n) \end{cases} \tag{1.2}$$

ただし，n は自然数，$-\infty < x_0 < x_1 < \cdots < x_n < \infty$ で，$s(x)$ の分点 $x = x_i$ での値は（どう決めてもよいが），c_i または c_{i+1} のどちらかにとることが多い．

　有界な閉区間 $[a, b]$ で定義された単関数 s が(1.2)で表示されるとき，（$x_0 \geqq a$, $x_n \leqq b$ として）

$$I(s, [a, b]) = \sum_{i=1}^{n} c_i (x_i - x_{i-1}) \qquad (1.3)$$

を s の $[a, b]$ 上での**積分**(integral)という. □

例 1.2

$$H(x) = \begin{cases} 1 & (x \geqq 0) \\ 0 & (x < 0) \end{cases}$$

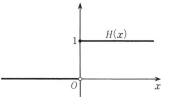

($H(x)$ はヘビサイド(Heaviside)関数とよ
ばれる)のとき,

$$I(H, [a, b]) = \begin{cases} 0 & (a < b < 0) \\ b & (a < 0 \leqq b) \\ b - a & (0 < a < b) \end{cases}$$

□

例 1.3 (次ページの図を参照)

$$s(x) = \begin{cases} 0 & (x < 1) \\ 1 & (1 \leqq x < 3) \\ -2 & (3 \leqq x \leqq 4) \\ 0 & (4 < x < 5) \\ 1 & (5 \leqq x < 6) \\ 0 & (x \geqq 6) \end{cases}$$

のとき,

$$I(s, [0, 7]) = 1 \cdot (3-1) + (-2) \cdot (4-3) + 1 \cdot (6-5) = 1.$$

□

注意 単関数 s の表示(1.2)は 1 通りではない. 例えば, 例 1.3 では, 分点と
して, $x_i = i$ $(i = 1, 2, \cdots, 6)$ をとって表示することもできる. しかし, 単関数の積
分 $I(s, [a, b])$ の値は表示の仕方によらない.

2 つの単関数 $s(x), t(x)$ の和 $s(x) + t(x)$ もまた単関数である.

例1.4　例 1.3 の $s(x)$ と，

$$t(x) = \begin{cases} 0 & (x < 2) \\ 1/2 & (2 \le x < 5) \\ 0 & (x \ge 5) \end{cases}$$

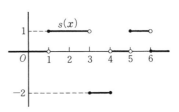

の和は，

$$s(x)+t(x) = \begin{cases} 0 & (x < 1) \\ 1 & (1 \le x < 2) \\ 3/2 & (2 \le x < 3) \\ -3/2 & (3 \le x \le 4) \\ 1/2 & (4 < x < 5) \\ 1 & (5 \le x < 6) \\ 0 & (x \ge 6) \end{cases}$$

□

　積分や（符号つき）面積というからには，当然成り立つべき性質（積分の基本性質）がいくつかある．

　（I）（積分の線形性）　定数倍 λs と和 $s+t$ に対して，

　（i）　$I(\lambda s, [a,b]) = \lambda I(s, [a,b])$,

　（ii）　$I(s+t, [a,b]) = I(s, [a,b]) + I(t, [a,b])$.

　実際，和の性質

$$\sum_{i=1}^{n} (c_i + d_i)(x_i - x_{i-1}) = \sum_{i=1}^{n} c_i(x_i - x_{i-1}) + \sum_{i=1}^{n} d_i(x_i - x_{i-1})$$

より，(ii)を得る．(i)はもっと簡単である．　　　　　　　　　　□

　（II）（積分の非負性と単調性）

　（i）　$s \ge 0$ のとき，$I(s, [a,b]) \ge 0$,

　（ii）　$s \ge t$ のとき，$I(s, [a,b]) \ge I(t, [a,b])$.

　実際，$c_i \ge d_i$ ならば，$\sum_{i=1}^{n} c_i(x_i - x_{i-1}) \ge \sum_{i=1}^{n} d_i(x_i - x_{i-1})$ だから，(ii)．ま

た, (ii) で $t = 0$ とおけば, (i). □

(III)(積分の有界性) $\|s\| = \max\limits_{a \leqq x \leqq b} |s(x)|$ とおくと,

$$|I(s, [a, b])| \leqq \|s\|(b - a).$$

実際, 直接確かめればよいが, 不等式 $-\|s\| \leqq s(x) \leqq \|s\|$ を用いて(II)の (ii) からこれを導くのが簡単である. □

(IV)(積分区間に関する加法性) $a < c < b$ のとき,

$$I(s, [a, b]) = I(s, [a, c]) + I(s, [c, b]).$$

これは明らか. □

例 1.5 $\alpha > 0$, $0 < r < 1$, n を自然数として,

$$s_{r,n}(x) = \begin{cases} r^{\alpha k} & (r^k < x \leqq r^{k-1},\ k = 1, 2, \cdots, n\ \text{のとき}) \\ 0 & (0 \leqq x \leqq r^n\ \text{のとき}) \end{cases}$$

のとき,

$$I(s_{r,n}, [0, 1]) = \sum_{k=1}^{n} r^{\alpha k}(r^{k-1} - r^k) = \frac{1-r}{r} \sum_{k=1}^{n} r^{(1+\alpha)k}$$

$$= \frac{1-r}{r} \frac{r^{1+\alpha} - r^{(1+\alpha)(n+1)}}{1 - r^{1+\alpha}}.$$

□

なお, この値は $n \to \infty$ のとき, $\dfrac{r^\alpha(1-r)}{1-r^{1+\alpha}}$ に近づき, さらに, $r \to 1$ とすると, $\dfrac{1}{1+\alpha} = \displaystyle\int_0^1 x^\alpha dx$ に近づく.

問 1 $I(t_{r,n}, [0, 1])$ を求め, $n \to \infty$, $r \to 1$ の極限を調べよ. ただし,

$$t_{r,n}(x) = \begin{cases} r^{\alpha(k-1)} & (r^k < x \leqq r^{k-1},\ k = 1, 2, \cdots, n\ \text{のとき}) \\ r^{\alpha n} & (0 \leqq x \leqq r^n\ \text{のとき}) \end{cases}$$

問 2 $\|x^\alpha - s_{r,n}\| = \max\limits_{0 \leqq x \leqq 1} |x^\alpha - s_{r,n}(x)|$ とおくとき,

$$\|x^\alpha - s_{r,n}\| = \max\{1 - r^\alpha, r^{n\alpha}\}$$

であることを示せ.

§1.2 積分の定義

面積が定義されるために必要だった条件(§1.1 の(1.1))

$$\overline{S} - \underline{S} \to 0 \qquad (h, k \to 0)$$

が成り立つのは，領域 D を定める関数 f がどのような場合だろうか.

定義1.6 有界閉区間 $[a,b]$ 上の関数 f が単関数近似可能であるとは，f を一様近似する単関数の列 s_n $(n = 1, 2, \cdots)$ が存在することをいう. つまり，f に対して，単関数の列 s_n を，

$$\|f - s_n\| = \max_{a \leqq x \leqq b} |f(x) - s_n(x)| \to 0 \qquad (n \to \infty) \qquad (1.4)$$

が成り立つように選べるとき，f は単関数近似可能という. □

問3 (1.4)が成り立つとき，次式を示せ.
$$s_n(x) - \varepsilon_n \leqq f(x) \leqq s_n(x) + \varepsilon_n, \quad \text{ただし} \quad \varepsilon_n = \|f - s_n\|.$$

上の(1.4)が成り立つとき，単関数の積分の性質から

$$|I(s_n, [a,b]) - I(s_m, [a,b])| = |I(s_n - s_m, [a,b])| \leqq \|s_n - s_m\|(b-a)$$

ここで，

$$\|s_n - s_m\| \leqq \|s_n - f\| + \|f - s_m\| \to 0 \qquad (n, m \to \infty)$$

よって，$n \to \infty$ での $I(s_n, [a,b])$ の極限が存在する.

この極限を，f の $[a,b]$ 上での積分と定義したい. しかし，ここに，確かめておくべき点がある.

（ⅰ） この極限は s_n の選び方に依存せずに定まるのか？

（ⅱ） どんな関数 f に対して，f に一様収束する単関数の列 s_n が選べるのか？

（ⅲ） この極限で積分を定めるとき，微分積分学の基本公式が成り立つのか？

まず，(ⅰ)を確かめるのは簡単である. 別の単関数列 t_n が $\|f - t_n\| \to 0$ をみたせば，$\|s_n - t_n\| \leqq \|s_n - f\| + \|f - t_n\|$ だから，$\|s_n - t_n\| \to 0$. したがって，

単関数の積分の性質から，

$$|I(s_n, [a,b]) - I(t_n, [a,b])| = |I(s_n - t_n, [a,b])|$$
$$\leqq \|s_n - t_n\|(b-a) \to 0 \qquad (n \to \infty)$$

よって，$\lim_{n\to\infty} I(s_n, [a,b]) = \lim_{n\to\infty} I(t_n, [a,b])$.

(ii), (iii) の検証は後回しにして，ともかく定義を与えよう.

定義 1.7　区間 $[a,b]$ 上の関数 f が単関数近似可能のとき，f を一様近似する単関数の列 s_n の積分の極限値を，f の積分とよび，

$$\int_a^b f(x)dx = \lim_{n\to\infty} I(s_n, [a,b]) \tag{1.5}$$

と書く. この意味で，単関数近似可能な関数は積分可能である.

とくに，s が単関数のときは，

$$\int_a^b s(x)dx = I(s, [a,b]).$$

$\square$

この定義と極限の性質から，積分の基本性質 (I)〜(IV)(p.4) が成り立つ.

例 1.8　$f(x) = c\ (a \leqq x \leqq b)$.

f 自身が単関数だから，$s_n = f$ ととればよく，

$$\int_a^b c\,dx = I(c, [a,b]) = c(b-a).$$

$\square$

例 1.9　$f(x) = x\ (a \leqq x \leqq b)$.

単関数 s_n として，n 個の分点 $x_0^{(n)} = a < x_1^{(n)} < \cdots < x_n^{(n)} = b$ をとり，区間 $(x_{i-1}^{(n)}, x_i^{(n)})$ での値を $\dfrac{x_{i-1}^{(n)} + x_i^{(n)}}{2}$ にとれば，

$$\max_{a \leqq x \leqq b} |f(x) - s_n(x)| = \max_{1 \leqq i \leqq n} \frac{x_i^{(n)} - x_{i-1}^{(n)}}{2},$$

$$I(s_n, [a,b]) = \sum_{i=1}^{n} \frac{x_{i-1}^{(n)} + x_i^{(n)}}{2}(x_i^{(n)} - x_{i-1}^{(n)})$$

$$= \sum_{i=1}^{n} \frac{(x_i^{(n)})^2 - (x_{i-1}^{(n)})^2}{2} = \frac{b^2 - a^2}{2}.$$

よって，$\max_{1 \leqq i \leqq n}(x_i^{(n)} - x_{i-1}^{(n)}) \to 0$ のとき，s_n は f に一様収束し，

$$\int_a^b x\,dx = \frac{b^2 - a^2}{2}\,.$$ □

なお，区間 $(x_{i-1}^{(n)}, x_i^{(n)})$ での値を $x_{i-1}^{(n)}$ や $x_i^{(n)}$ にとると，

$$\left| I(s_n, [a,b]) - \frac{b^2 - a^2}{2} \right| = \sum_{i=1}^n \frac{1}{2}(x_i^{(n)} - x_{i-1}^{(n)})^2$$

$$\leqq \frac{1}{2}(b-a) \max_{1 \leqq i \leqq n}(x_i^{(n)} - x_{i-1}^{(n)}) \to 0$$

として，上のことが示される．

例1.10 $f(x) = e^x \ (a \leqq x \leqq b)$ のとき $\int_a^b e^x dx = e^b - e^a$.
$n \geqq 2,\ h = \dfrac{b-a}{n},\ x_i = a + ih \ (i = 1, 2, \cdots, n)$ として

$$s_n(x) = \begin{cases} e^a & (a = x_0 \leqq x \leqq x_1) \\ e^{x_{i-1}} & (x_{i-1} < x \leqq x_i,\ i = 2, 3, \cdots, n) \end{cases}$$

とおくと，$\displaystyle\max_{a \leqq x \leqq b}|f(x) - s_n(x)| = e^b - e^{b-h} \to 0 \ (h \to 0)$ であり，

$$I(s_n, [a,b]) = \sum_{i=1}^n e^{a+(i-1)h} h = \frac{e^b - e^a}{e^h - 1} h \to e^b - e^a\,.$$ □

定義1.11 $[a,b]$ 上の関数 f に対して，区間 $[a,b]$ の分割 $\Delta: x_0 = a < x_1 < x_2 < \cdots < x_n = b$ と，各部分区間 (x_{i-1}, x_i) の点 ξ_i を選んで作った和

$$S = \sum_{i=1}^n f(\xi_i)(x_i - x_{i-1}) \tag{1.6}$$

を**リーマン和**(Riemann sum)という．ここで，

$$s(x) = f(\xi_i) \qquad (x_{i-1} < x < x_i) \tag{1.7}$$

をみたす単関数 s をとると，$S = I(s, [a,b])$ である． □

確かめておくべき点(ii)にとりかかろう．

区間 $[a,b]$ で連続な関数 f は一様連続だから，任意に $\varepsilon > 0$ が与えられると

$$x, y \in [a,b],\ |x-y| \leqq \delta \implies |f(x) - f(y)| \leqq \varepsilon \tag{1.8}$$

をみたす $\delta > 0$ がとれる(第2章定理2.23参照)．したがって，区間 $[a,b]$ の

分割 $\Delta:\ x_0 = a < x_1 < x_2 < \cdots < x_n = b$ に対して,

$$\mathrm{mesh}(\Delta) = \max_{1 \leq i \leq n}(x_i - x_{i-1})$$

と書くことにすると，上の(1.7)の単関数 s について,

$$\mathrm{mesh}(\Delta) \leq \delta \quad \Longrightarrow \quad \|f - s\| \leq \varepsilon$$

が成り立つ．よって，(1.8)で例えば，$\varepsilon = 10^{-n}$ のときの単関数 s を s_n と書けば，$\|f - s_n\| \leq 10^{-n}$ が成り立ち，$s_n\ (n = 1, 2, \cdots)$ は f を一様近似する単関数列である．すなわち，

定理 1.12 区間 $[a, b]$ で連続な関数は積分可能である． □

問 4 $f(x) = x^2\ (0 \leq x \leq 1)$ の場合に，(1.8)で $\varepsilon = 10^{-n}$ のときの δ として $\delta = (1/2) \cdot 10^{-n}$ がとれることを確かめよ．

注意 $f\colon [a, b] \to \mathbb{R}$ は区分的に連続ならば積分可能である．実際，f を近似する単関数列 s_n として，f の不連続点がすべて分点であるように s_n を選べばよい．

宿題の(iii)を片付けよう．

定理 1.13 (微分積分学の基本公式) $f\colon [a, b] \to \mathbb{R}$ が連続なとき，

$$F(x) = \int_a^x f(t)dt \qquad (a \leq x \leq b) \tag{1.9}$$

とおくと，F は微分可能で，

$$F'(x) = f(x) \qquad (a \leq x \leq b) \tag{1.10}$$

つまり，F は f の原始関数である．

[証明]

$$\left| \frac{F(x+h) - F(x)}{h} - f(x) \right| = \left| \frac{1}{h}\int_x^{x+h} f(t)dt - f(x) \right|$$

$$= \left| \frac{1}{h}\int_x^{x+h} \{f(t) - f(x)\}dt \right| \leq \max_{|t-x| \leq |h|} |f(t) - f(x)| \to 0 \quad (h \to 0)$$

∎

注意　上の証明からわかるように，f が積分可能で，x において連続ならば，(1.10)は成り立つ.

　積分の基本性質を応用して，凸関数との合成関数の積分を評価することができる.（イェンセン(Jensen)の不等式と総称する.）

例 1.14　f が積分可能なとき，

$$\int_0^1 \exp(f(t))dt \geqq \exp\left(\int_0^1 f(t)dt\right).$$

［証明］　e^x は下に凸だから，各点 a での接線は $y=e^x$ のグラフの下側にある（図 1.2）. つまり，

$$e^x \geqq e^a(x-a)+e^a \tag{1.11}$$

よって，$x=f(t)$ とおいて，t について積分すると，

$$\int_0^1 e^{f(t)}dt \geqq \int_0^1 \{e^a(f(t)-a)+e^a\}dt = e^a\left(\int_0^1 f(t)dt-a\right)+e^a$$

ところで，(1.11)は $x=a$ のとき等式となるから，

$$e^x = \max_a\{e^a(x-a)+e^a\}.$$

よって，

$$\max_a\left\{e^a\left(\int_0^1 f(t)dt-a\right)+e^a\right\} = \exp\left(\int_0^1 f(t)dt\right)$$

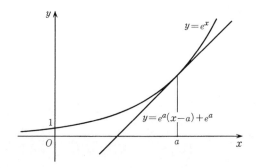

図 1.2　$y=e^x$ とその接線

ゆえに,

$$\int_0^1 e^{f(t)}dt \geqq \exp\left(\int_0^1 f(t)dt\right).$$

■

問5 $\left|\int_0^1 f(x)dx\right|^p \leqq \int_0^1 |f(x)|^p dx \ (p \geqq 1)$ を示せ.

一般に, $\varphi(x)$ が凸関数のとき, 次のことがいえる:

$$\frac{1}{b-a}\int_a^b \varphi(f(t))dt \geqq \varphi\left(\frac{1}{b-a}\int_a^b f(t)dt\right).$$

§1.3　積分の極限

例 1.15

$$\lim_{n\to\infty}\int_0^1 \left(1+\frac{x}{n}\right)^n dx = \lim_{n\to\infty}\frac{n}{n+1}\left(1+\frac{x}{n}\right)^{n+1}\Big|_{x=0}^1 = e-1 = \int_0^1 e^x dx.$$

よって, $f_n(x)=\left(1+\dfrac{x}{n}\right)^n$ とおくと, 次式が成立する:

$$\lim_{n\to\infty}\int_0^1 f_n(x)dx = \int_0^1 \lim_{n\to\infty} f_n(x)dx. \tag{1.12}$$

□

例 1.16

$$f_n(x) = \begin{cases} n^2 x & (0 \leqq x \leqq 1/n) \\ n(2-nx) & (1/n \leqq x \leqq 2/n) \\ 0 & (2/n \leqq x \leqq 1) \end{cases}$$

とおくと, $\displaystyle\lim_{n\to\infty} f_n(x)=0$.

一方,

$$\int_0^1 f_n(x)dx = 1$$

よって, (1.12)は成立しない. □

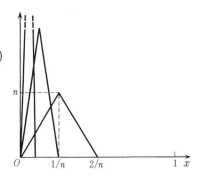

図 1.3　魔女の帽子

定理 1.17　有界閉区間 $[a,b]$ 上で積分可能な関数の列 $f_n(x)$ $(n \geqq 1)$ が関数 $f(x)$ に一様収束すれば，つまり，

$$\|f - f_n\| = \max_{a \leqq x \leqq b} |f(x) - f_n(x)| \to 0 \qquad (n \to \infty) \qquad (1.13)$$

ならば，f も $[a,b]$ 上で積分可能であり，

$$\lim_{n \to \infty} \int_a^b f_n(x)dx = \int_a^b f(x)dx. \qquad (1.14)$$

[証明]　f_n の極限 f の積分可能性を認めれば，積分の有界性より，

$$\left| \int_a^b f_n(x)dx - \int_a^b f(x)dx \right| \leqq \|f_n - f\|(b-a)$$

よって，(1.14)が得られる.

さて，各 f_n は積分可能だから，とくに，$\|f_n - s_n\| \leqq 1/n$ をみたす単関数 s_n が選べる．このとき，

$$\|f - s_n\| \leqq \|f - f_n\| + \|f_n - s_n\| \leqq \|f - f_n\| + \frac{1}{n}.$$

したがって，(1.13)より，

$$\lim_{n \to \infty} \|f - s_n\| = 0.$$

ゆえに，f も積分可能である.　∎

上の例 1.15 においては，$0 \leqq x \leqq 1$ のとき，f_n は f に一様収束しているが，例 1.16 では，$\|f_n\| = n \to \infty$ であるので，f_n は f に一様収束しない.

問 6　次の積分値を求め，$n \to \infty$ での極限を求めよ.
  (1)　$\displaystyle\int_0^1 \frac{x}{1+nx}dx$　　(2)　$\displaystyle\int_0^1 \frac{1}{1+nx^2}dx$

上の定理 1.17 によって，積分値が計算できなくても，その極限が求まることがある.

例題 1.18　次の等式を示せ.

$$\lim_{n\to\infty} \int_0^1 \frac{x^2}{1+n^2x^5} dx = 0 .$$

[解]　$f_n(x) = \dfrac{x^2}{1+n^2x^5}$ $(0 \leqq x \leqq 1)$ とおき，増減を調べると，

$$0 \leqq f_n(x) \leqq \frac{3}{5}\left(\frac{2}{3n^2}\right)^{2/5}$$

よって，f_n は 0 に一様収束するから，$\displaystyle\lim_{n\to\infty}\int_0^1 f_n(x)dx = 0.$ ∎

定理 1.17 の最も重要な応用のひとつは，「微分と積分1」でも扱った項別
積分定理である．

例 1.19　$-1 < x < 1$ のとき，

$$\arctan x = \int_0^x \frac{dt}{1+t^2} = \int_0^x \sum_{n=0}^{\infty} (-1)^n t^{2n} dt$$

$$= \sum_{n=0}^{\infty} (-1)^n \frac{x^{2n+1}}{2n+1} .$$

□

注意　$\displaystyle\sum_{k=0}^{2n-1}(-1)^k x^{2k} \leqq \frac{1}{1+x^2} \leqq \sum_{k=0}^{2n}(-1)^k x^{2k}$ $(-1 < x \leqq 1)$ の各辺を積分すること
により，上の等式は $x = 1$ でも成り立つことがわかり，次の等式が導かれる．

$$\frac{\pi}{4} = \sum_{n=0}^{\infty} \frac{(-1)^n}{2n+1} = 1 - \frac{1}{3} + \frac{1}{5} - \frac{1}{7} + \cdots .$$

ベキ級数 $\displaystyle\sum_{n=0}^{\infty} a_n x^n$ は，各項の絶対値をとって得られる級数 $\displaystyle\sum_{n=0}^{\infty} |a_n||x|^n$ が
収束するとき，**絶対収束**するといい，

$$r = \sup\left\{|x| ; \sum_{n=0}^{\infty} a_n x^n \text{ は絶対収束}\right\} \tag{1.15}$$

を，このベキ級数の**収束半径**という（定義 2.19 参照）．

定理 1.20　ベキ級数 $\displaystyle\sum_{n=0}^{\infty} a_n x^n$ の収束半径を r とすると，$|x| < r$ のとき，
次が成り立つ．

（ i ）　$\displaystyle\int_0^x \sum_{n=0}^\infty a_n t^n dt = \sum_{n=0}^\infty \frac{a_n}{n+1} x^{n+1}$　　（右辺は絶対収束）.

（ ii ）　$\displaystyle\sum_{n=0}^\infty a_n x^n$ は微分可能で,

$$\frac{d}{dx} \sum_{n=0}^\infty a_n x^n = \sum_{n=1}^\infty n a_n x^{n-1}.$$

[証明]

$$f_n(t) = \sum_{k=0}^n a_k t^k, \quad f(t) = \sum_{k=0}^\infty a_k t^k$$

とおくと, $|t| \leqq |x|$ のとき,

$$|f(t)-f_n(t)| = \left| \sum_{k=0}^\infty a_k t^k - \sum_{k=0}^n a_k t^k \right| \leqq \sum_{k=n+1}^\infty |a_k||t|^k \leqq \sum_{k=n+1}^\infty |a_k||x|^k$$

よって,

$$\max_{|t| \leqq |x|} |f(t)-f_n(t)| \leqq \sum_{k=n+1}^\infty |a_k||x|^k \to 0 \qquad (n \to \infty).$$

したがって, 定理1.17より, $n \to \infty$ のとき,

$$\int_0^x f_n(t)dt = \int_0^x \sum_{k=0}^n a_k t^k dt = \sum_{k=0}^n a_k \frac{x^{k+1}}{k+1} \to \int_0^x f(t)dt \qquad (n \to \infty).$$

ゆえに, (i)を得る. なお, (i)の右辺の絶対収束性は不等式

$$\sum_{n=0}^\infty \frac{|a_n|}{n+1} |x|^{n+1} \leqq \sum_{n=0}^\infty |a_n||x|^{n+1}$$

からわかる.

　また, $b_n = (n+1)a_{n+1} \ (n \geqq 0)$ として, $\displaystyle\sum_{n=0}^\infty b_n x^n$ を考えれば,

$$\int_0^x \sum_{n=0}^\infty b_n t^n dt = \sum_{n=0}^\infty \frac{b_n}{n+1} x^{n+1} = \sum_{n=0}^\infty a_{n+1} x^{n+1} = \sum_{n=0}^\infty a_n x^n - a_0$$

だから, 微分積分学の基本公式より, (ii)を得る. ■

　問7　上の証明においては, $\displaystyle\sum_{n=0}^\infty b_n x^n$ が絶対収束することの証明が省略されている. $|x| < |y| < r$ として, $\displaystyle\sum_{n=0}^\infty |b_n||x|^n$, $\displaystyle\sum_{n=0}^\infty |a_n||y|^n$ を比べることにより, これを証明せよ.

例 1.21

$$\int_0^x \cosh t \, dt = \int_0^x \sum_{n=0}^\infty \frac{t^{2n}}{(2n)!} dt = \sum_{n=0}^\infty \frac{x^{2n+1}}{(2n+1)!}$$
$$= \sinh x,$$

$$\int_0^x \sinh t \, dt = \int_0^x \sum_{n=0}^\infty \frac{t^{2n+1}}{(2n+1)!} dt = \sum_{n=0}^\infty \frac{x^{2n+2}}{(2n+2)!}$$
$$= \cosh x - 1.$$

□

例 1.22 $f_0(x)=1$, $f_n(x)=1+\int_0^x f_{n-1}(t)dt$ $(n \geqq 1)$ とすると, $f_n(x)=$ $\sum_{k=0}^n \frac{1}{k!}x^k$ であって, $f_n(x)$ は $f(x)=\sum_{k=0}^\infty \frac{1}{k!}x^k$ に(各有界閉区間において一様)収束する. したがって, 定理 1.17 より, $f(x)=1+\int_0^x f(t)dt$. よって, $f'(x)=f(x)$, $f(0)=1$ をみたす. (これは, $f(x)=e^x$ の定義の仕方の1つである.)

□

例題 1.23 $|k|<1$ のとき,

$$K = \int_0^{\pi/2} \frac{d\theta}{\sqrt{1-k^2\sin^2\theta}}$$

を k のベキ級数で表示せよ.

[解]

$$n!! = \begin{cases} n(n-2)(n-4)\cdots 4 \cdot 2 & (n \text{ が偶数のとき}) \\ n(n-2)(n-4)\cdots 3 \cdot 1 & (n \text{ が奇数のとき}) \end{cases}$$

とおくと,

$$\frac{1}{\sqrt{1-x}} = \sum_{n=0}^\infty \binom{-1/2}{n}(-x)^n = 1 + \sum_{n=1}^\infty \frac{(2n-1)!!}{(2n)!!}x^n$$

であり, この級数は $|x| \leqq k^2$ のとき, 一様収束する. また,

$$I_n = \int_0^{\pi/2} \sin^{2n}\theta \, d\theta = -\int_0^{\pi/2} (\cos\theta)' \sin^{2n-1}\theta \, d\theta$$

$$= \int_0^{\pi/2} (2n-1)\cos^2\theta \sin^{2n-2}\theta \, d\theta$$

$$= (2n-1)(I_{n-1}-I_n) \qquad (n \geq 1)$$

より,

$$I_n = \frac{(2n-1)!!}{(2n)!!} I_0 = \frac{(2n-1)!!}{(2n)!!} \frac{\pi}{2}$$

よって,

$$K = \int_0^{\pi/2} \left\{ 1 + \sum_{n=1}^{\infty} \frac{(2n-1)!!}{(2n)!!} k^{2n} \sin^{2n} \theta \right\} d\theta$$

$$= \frac{\pi}{2} \left\{ 1 + \sum_{n=1}^{\infty} \left(\frac{(2n-1)!!}{(2n)!!} \right)^2 k^{2n} \right\}$$

$$= \frac{\pi}{2} \left\{ 1 + \left(\frac{1}{2} \right)^2 k^2 + \left(\frac{1 \cdot 3}{2 \cdot 4} \right)^2 k^4 + \left(\frac{1 \cdot 3 \cdot 5}{2 \cdot 4 \cdot 6} \right)^2 k^6 + \cdots \right\}.$$

∎

次の例では, 2 つの関数等式 $I(a) = I(-a)$, $I(a^2) = 2I(a)$ から, 積分の極限を使って, 積分の値が計算できる.

例 1. 24 $I(a) = \int_0^{\pi} \log(1 + 2a \cos x + a^2) dx = \pi \max\{0, \log(a^2)\}$.
まず,

$$I(a) = \int_0^{\pi/2} \log(1 + 2a \cos x + a^2) dx + \int_{\pi/2}^{\pi} \log(1 + 2a \cos x + a^2) dx$$

$$= \int_0^{\pi/2} \log(1 + 2a \cos x + a^2) dx + \int_0^{\pi/2} \log(1 - 2a \cos x + a^2) dx$$

よって, $I(a) = I(-a)$.
次に,

$$2I(a) = \int_0^{\pi} \{ \log(1 + 2a \cos x + a^2) + \log(1 - 2a \cos x + a^2) \} dx$$

$$= \int_0^{\pi} \log\{ (1 + a^2)^2 - 4a^2 \cos^2 x \} dx = \int_0^{\pi} \log\{ 1 + a^4 - 2a^2 \cos 2x \} dx$$

よって, $2I(a) = I(-a^2) = I(a^2)$.
さらに, $a = 0, 1$ のとき, $2I(a) = I(a)$ より, $I(a) = 0$. $0 \leq a < 1$ のとき,
$I(a) = \frac{1}{2} I(a^2) = \cdots = \frac{1}{2^n} I(a^{2^n}) \to 0$. $a > 1$ のとき,

$$I(a) = \frac{1}{2^n} I(a^{2^n}) = \int_0^\pi 2^{-n} \log(1 + 2a^{2^n} \cos x + a^{2 \cdot 2^n}) dx$$

であり，被積分関数

$$2^{-n} \log(1 + 2a^{2^n} \cos x + a^{2 \cdot 2^n}) = \log(a^2) + 2^{-n} \log(a^{-2 \cdot 2^n} + 2a^{-2^n} \cos x + 1)$$

は $n \to \infty$ のとき $\log(a^2)$ に一様収束するから，

$$I(a) = \lim_{n \to \infty} \frac{1}{2^n} I(a^{2^n}) = \int_0^\pi \log(a^2) dx = \pi \log(a^2).$$

以上から，

$$I(a) = \begin{cases} 0 & (a^2 \leqq 1) \\ \pi \log(a^2) & (a^2 > 1) \end{cases}$$

を得る． □

例 1.25 $\displaystyle \lim_{n \to \infty} \int_0^1 \left(\frac{2x}{1+x^2} \right)^n dx = 0.$

$0 < r < 1$ とすると，$0 \leqq x \leqq r$ ならば $\left(\dfrac{2x}{1+x^2} \right)^n \leqq \left(\dfrac{2r}{1+r^2} \right)^n \to 0$. よって，

$\displaystyle \lim_{n \to \infty} \int_0^r \left(\frac{2x}{1+x^2} \right)^n dx = 0.$ 一方，

$$0 \leqq \int_r^1 \left(\frac{2x}{1+x^2} \right)^n dx \leqq \int_r^1 dx = 1 - r.$$

$0 < r < 1$ は任意に選べるから，$\displaystyle \lim_{n \to \infty} \int_0^1 \left(\frac{2x}{1+x^2} \right)^n dx = 0$ である． □

注意 1.26 より高級な（定義は難しいが，より強力な）ルベーグ積分によれば，次のことがいえる．（よって，上の例 1.25 の証明は簡単になる．）

（ⅰ）本書の意味で積分可能ならば，ルベーグ積分可能．

（ⅱ）$f_n(x)$ がルベーグ積分可能で，ほとんどすべての点で $\displaystyle \lim_{n \to \infty} f_n(x) = f(x)$,
そして，$|f_n(x)| \leqq \varphi(x)$ $(n \geqq 1)$ をみたすルベーグ積分可能な関数 $\varphi(x)$ があれば，

$$\lim_{n \to \infty} \int_a^b f_n(x) dx = \int_a^b \lim_{n \to \infty} f_n(x) dx.$$

積分の基本性質を利用して，積分の近似値を求めてみよう．

例題 1.27 次の不等式を示せ.

$$1.17 < \frac{2}{\pi} \int_0^\pi \frac{\sin x}{x} dx < 1.18.$$

[解]

$$\sum_{i=0}^{2n+1} \frac{(-1)^i}{(2i+1)!} x^{2i} \leqq \frac{\sin x}{x} \leqq \sum_{i=0}^{2n} \frac{(-1)^i}{(2i+1)!} x^{2i} \qquad (x > 0)$$

より,

$$0 \geqq \int_0^\pi \frac{\sin x}{x} dx - \sum_{i=0}^{2n} \int_0^\pi \frac{(-1)^i}{(2i+1)!} x^{2i} dx \geqq - \int_0^\pi \frac{x^{4n+2}}{(4n+3)!} dx$$

したがって,

$$0 \geqq \int_0^\pi \frac{\sin x}{x} dx - \sum_{i=0}^{2n} \frac{(-1)^i \pi^{2i+1}}{(2i+1)!\,(2i+1)} \geqq - \frac{\pi^{4n+3}}{(4n+3)!\,(4n+3)}$$

$n = 2$ とおくと, $\pi^2 \leqq 10$ より,

$$\frac{\pi^{11}}{11!\,11} \leqq \frac{\pi \cdot 10^5}{4.390848 \cdot 10^8} < 10^{-3}.$$

電卓で計算すると,

$$\frac{2}{\pi} \sum_{i=0}^4 \frac{(-1)^i \pi^{2i+1}}{(2i+1)!\,(2i+1)} = 1.171\cdots.$$

∎

§1.4 長方形上の積分とフビニの定理

n 変数 $x_1, x_2, \cdots, x_n$ の関数についても, 1 変数の場合と同様にして, 単関数近似により積分を定義することができる. ここでは, $n = 2$ のときを主に扱う. 2 つの実数 x, y の組 (x, y) は数平面 $\mathbb{R}^2$ 上の点と考えられる.

長方形 R の上で定義された関数 $s(x, y)$ が有限個の互いに共通部分をもたない長方形 $R_1, R_2, \cdots, R_m$ を用いて

$$s(x, y) = \begin{cases} c_k & ((x, y) \in R_k,\ 1 \leqq k \leqq m) \\ 0 & (\text{その他}) \end{cases} \tag{1.16}$$

と表されるとき，s を単関数とよび，その積分を

$$I(s, R) = \sum_{k=1}^{m} c_k |R_k| \tag{1.17}$$

で定める．ここで，$|R_k|$ は長方形 R_k の面積である．

定義 1.28 長方形 R 上で定義された関数 f が単関数近似可能であるとは，ある単関数列 s_n によって R 上で一様近似されることをいう．つまり，

$$\|f - s_n\| = \max_{(x,y) \in R} |f(x,y) - s_n(x,y)| \to 0 \qquad (n \to \infty) \tag{1.18}$$

が成り立つとき，f は単関数近似可能であるという．このとき，$I(s_n, R)$ の $n \to \infty$ での極限を，f の R 上での積分といい，

$$\iint_R f(x,y)dxdy = \lim_{n \to \infty} I(s_n, R) \tag{1.19}$$

と表す． □

例 1.29

$$R = [0,1] \times [0,\pi] = \{(x,y) \mid 0 \le x \le 1,\ 0 \le y \le \pi\},$$
$$f(x,y) = x \sin y$$

のとき，

$$\iint_R x \sin y\, dy = 1.$$

実際，区間 $[0,1]$, $[0,\pi]$ をそれぞれ n 等分して，R を n^2 個の小長方形 R_{ij} $(i, j = 1, 2, \cdots, n)$ に分け，

$$s_n(x,y) = \frac{i}{n} \sin \frac{j\pi}{n} \qquad ((x,y) \in R_{ij} \text{ のとき})$$

とおくと，

$$I(s_n, R) = \sum_{i=1}^{n} \sum_{j=1}^{n} \left(\frac{i}{n} \sin \frac{j\pi}{n} \right) \times \frac{\pi}{n^2}$$
$$= \left(\frac{1}{n} \sum_{i=1}^{n} \frac{i}{n} \right) \left(\frac{\pi}{n} \sum_{j=1}^{n} \sin \frac{j\pi}{n} \right)$$

よって,

$$\iint_R x \sin y \, dy = \lim_{n \to \infty} I(s_n, R) = \left(\int_0^1 x \, dx \right) \left(\int_0^\pi \sin y \, dy \right) = \frac{1}{2} \times 2 = 1.$$　□

　長方形上での積分は, 次のフビニ(Fubini)の定理を利用して, 1 変数の積分の繰り返し(累次積分という)として計算することが多い.

　定理 1.30（フビニの定理）　長方形 $R = [a, b] \times [c, d]$ 上で積分可能な関数 f に対して, $f_x : [c, d] \to \mathbb{R}$ $(x \in [a, b])$, $f^y : [a, b] \to \mathbb{R}$ $(y \in [c, d])$ を

$$f_x(y) = f(x, y), \quad f^y(x) = f(x, y) \tag{1.20}$$

によって定める. このとき,

（ⅰ）　f_x は $[c, d]$ 上で, f^y は $[a, b]$ 上で積分可能である.

（ⅱ）　$x \in [a, b]$, $y \in [c, d]$ に対して, $F(x), G(y)$ を

$$F(x) = \int_c^d f_x(y) dy, \quad G(y) = \int_a^b f^y(x) dx \tag{1.21}$$

で定めると, F は $[a, b]$ 上で, G は $[c, d]$ 上で積分可能で,

$$\int_a^b F(x) dx = \iint_{[a,b] \times [c,d]} f(x, y) dx dy = \int_c^d G(y) dy. \tag{1.22}$$　□

　注意　上の定理の内容を理解した上で, (1.22)は通常, 次のように書く.

$$\int_a^b dx \int_c^d f(x, y) dy = \int_a^b \int_c^d f(x, y) dx dy = \int_c^d dy \int_a^b f(x, y) dx. \tag{1.22'}$$

ここで, (1.22′)の最初と最後を結ぶ等式

$$\int_a^b dx \int_c^d f(x, y) dy = \int_c^d dy \int_a^b f(x, y) dx \tag{1.22''}$$

は(累次)積分の順序交換が可能なことを表している. 上の定理 1.30 を用いると, 例 1.29 は, 単関数近似を経由せずに, 直接に,

$$\iint_R x \sin y \, dy = \int_0^1 x \, dx \int_0^\pi \sin y \, dy$$

と計算される.

　定理 1.30 の証明の鍵は, 次の事実である.

補題 1.31 2変数の単関数 $s(x, y)$ に対して,

$$s_x(y) = s(x, y), \quad s^y(x) = s(x, y) \qquad ((x, y) \in \mathbb{R}^2) \qquad (1.23)$$

とおくと, s_x, s^y は1変数の単関数である. そこで,

$$S(x) = \int_c^d s_x(y) dy, \quad T(y) = \int_a^b s^y(x) dx \qquad (1.24)$$

とおくと, $S(x), T(y)$ はそれぞれ, 1変数の単関数で,

$$\int_a^b S(x) dx = \iint_{[a, b] \times [c, d]} s(x, y) dx dy = \int_c^d T(y) dy .$$

[証明] 積分の線形性によって, 単関数 s が1つの長方形のみを使って表示されているときに証明すれば, 十分である.

そこで, $a \leqq a' < b' \leqq b, \ c \leqq c' < d' \leqq d,$

$$s(x, y) = \begin{cases} \alpha & (a' \leqq x \leqq b', \ c' \leqq y \leqq d' \text{ のとき}) \\ 0 & (\text{その他のとき}) \end{cases}$$

とすれば,

$$\begin{cases} a' \leqq x \leqq b' \text{ の場合,} \quad s^x(y) = \begin{cases} \alpha & (c' \leqq y \leqq d' \text{ のとき}) \\ 0 & (\text{その他のとき}) \end{cases} \\ \text{その他の } x \text{ の場合,} \quad s^x(y) = 0 \end{cases}$$

よって, s^x は単関数で,

$$S(x) = \int_c^d s^x(y) dy = \begin{cases} \displaystyle\int_{c'}^{d'} \alpha \, dy = \alpha(d' - c') & (a' \leqq x \leqq b') \\ \displaystyle\int_{c'}^{d'} 0 \, dy = 0 & (\text{その他}) \end{cases}$$

したがって, $S(x)$ も単関数で,

$$\int_a^b S(x) dx = \alpha(d' - c')(b' - a') = \iint_{[a, b] \times [c, d]} s(x, y) dx dy .$$

まったく同様の議論が s^y に対しても成り立つ. ∎

[定理 1.30 の証明] f が R 上で積分可能なとき, (f を近似する)単関数 s を考えると,

$$\|f_x - s_x\| = \max_{c \le y \le d} |f(x,y) - s(x,y)| \le \max_{(x,y) \in R} |f(x,y) - s(x,y)|$$

$$= \|f - s\|$$

よって，s_n が f を一様近似する単関数列ならば，$s_{n,x}$ は f_x を一様近似する
1 変数の単関数列となる．つまり，f_x は $[c,d]$ 上で積分可能，つまり，(i) の
前半が成り立ち，

$$F(x) = \int_c^d f_x(y)dy = \lim_{n \to \infty} I(s_{n,x},[c,d])$$

ここで，$S_n(x) = I(s_{n,x},[c,d])$ は x に関する単関数であり，

$$|F(x) - S_n(x)| \le \|f - s_n\|(d-c)$$

が成り立つ．よって，S_n は F を一様近似する単関数列となるから，F は積
分可能で，

$$\int_a^b F(x)dx = \lim_{n \to \infty} I(S_n,[a,b]).$$

ここで補題 1.31 を用いれば，

$$\int_a^b F(x)dx = \lim_{n \to \infty} \iint_{[a,b] \times [c,d]} s_n(x,y)dxdy = \iint_{[a,b] \times [c,d]} f(x,y)dxdy .$$

同様の議論を f^y にも適用すれば，定理 1.30 が得られる．　　　　　　■

例 1.32　$f(x,y) = \dfrac{x}{(1+xy)^2}$ $(x \in [0,1],\ y \in [0,1])$ とすると，

$$\iint_{[0,1] \times [0,1]} \frac{x}{(1+xy)^2}dxdy = \int_0^1 dx \int_0^1 \frac{x\ dy}{(1+xy)^2}$$

$$= \int_0^1 \left[-\frac{1}{1+xy} \right]_{y=0}^1 dx = 1 - \log 2 .$$
　　　　　　□

問 8　$\displaystyle \int_0^1 dy \int_0^1 \frac{x\ dx}{(1+xy)^2}$ を計算して，定理 1.30 を確かめよ．

例 1.33　$f(x,y) = x^y$ $(x \in [0,1],\ y \in [a,b],\ 0 < a < b)$ とする．

$$\iint_{[0,1]\times[a,b]} x^y dxdy = \int_a^b dy \int_0^1 x^y dx = \int_a^b \frac{dy}{y+1} = \log\frac{b+1}{a+1}$$

$$= \int_0^1 dx \int_a^b x^y dy = \int_0^1 \frac{x^b - x^a}{\log x} dx$$

したがって,

$$\int_0^1 \frac{x^b - x^a}{\log x} dx = \log\frac{b+1}{a+1}.$$

$\square$

問 9 上の例 1.33 から,次式を導け.

$$\int_0^\infty \frac{e^{-(a+1)t} - e^{-(b+1)t}}{t} dt = \log\frac{b+1}{a+1}.$$

例 1.34 $f(x,y) = \dfrac{x^2 - y^2}{(x^2+y^2)^2}$ $(0 < x, y \leqq 1)$ とする.

$$\int_0^1 dx \int_0^1 \frac{x^2 - y^2}{(x^2+y^2)^2} dy = \int_0^1 dx \left[\frac{y}{x^2+y^2}\right]_{y=0}^1$$

$$= \int_0^1 \frac{dx}{1+x^2} = \arctan 1 = \frac{\pi}{4}.$$

x, y を入れ替えれば明らかであるが,

$$\int_0^1 dy \int_0^1 \frac{x^2 - y^2}{(x^2+y^2)^2} dx = \int_0^1 dy \left[\frac{-x}{x^2+y^2}\right]_{x=0}^1$$

$$= -\int_0^1 \frac{dy}{1+y^2} = -\frac{\pi}{4}.$$

よって,上の定理 1.30 が成り立たない.(それは f が $0 \leqq x, y \leqq 1$ 全体では連続にならないためである.) $\square$

例題 1.35 フビニの定理を利用して,

$$\int_0^\infty e^{-x^2} dx = \lim_{R\to\infty} \int_0^R e^{-x^2} dx = \frac{\sqrt{\pi}}{2}$$

を示せ.ただし,極座標への変換公式(例 5.41)

$$\iint_{\substack{a \leq x \leq b \\ c \leq y \leq d}} f(x,y)dxdy = \iint_{\substack{a \leq r\cos\theta \leq b \\ c \leq r\sin\theta \leq d}} f(r\cos\theta, r\sin\theta)r\,drd\theta$$

を用いてよい.

[解]　$I_R = \displaystyle\int_0^R e^{-x^2}dx$ とおくと，フビニの定理より，

$$I_R^{\ 2} = \iint_{[0,R]\times[0,R]} e^{-x^2-y^2}dxdy$$

極座標 $x = r\cos\theta$, $y = r\sin\theta$ を用いて変換すると，

$$I_R^{\ 2} = \iint_{\substack{0 \leq r\cos\theta \leq R \\ 0 \leq r\sin\theta \leq R}} e^{-r^2}r\,d\theta dr$$

積分範囲を小さくして，

$$I_R^{\ 2} \geqq \int_0^R \int_0^{\pi/2} e^{-r^2}r\,drd\theta = \left(\int_0^R e^{-r^2}r\,dr\right)\left(\int_0^{\pi/2}d\theta\right) = \frac{\pi}{4}(1-e^{-R^2})$$

一方，

$$I_R^{\ 2} \leqq \int_0^{\sqrt{2}R} \int_0^{\pi/2} e^{-r^2}r\,drd\theta = \frac{\pi}{4}(1-e^{-2R^2})$$

よって，$\displaystyle\lim_{R\to\infty} I_R^{\ 2} = \frac{\pi}{4}$，つまり，$\displaystyle\int_0^\infty e^{-x^2}dx = \frac{\sqrt{\pi}}{2}$.

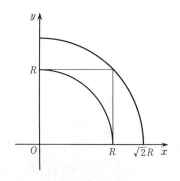

図 1.4

例 1.36 $\displaystyle\int_0^\infty \frac{\sin x}{x}dx = \frac{\pi}{2}.$

被積分関数は，$x=0$ で $\dfrac{\sin x}{x}=1$ とすれば，$x \geqq 0$ で連続だから，

$$\lim_{R\to\infty}\int_0^R \frac{\sin x}{x}dx = \frac{\pi}{2}$$

を示せばよい.

方針. $\displaystyle I(R)=\iint_{0\leqq x,t\leqq R} e^{-xt}\sin x\,dxdt$ とおき，

$$\int_0^R e^{-xt}\sin x\,dx = \frac{1}{1+t^2} - \frac{t\sin R+\cos R}{1+t^2}e^{-Rt} \quad (R>0)$$

を用いて，$I(R)$ を 2 通りの累次積分で計算する.

$$I(R)=\int_0^R\left(\int_0^R e^{-xt}\sin x\,dx\right)dt = \int_0^R\left\{\frac{1}{1+t^2} - \frac{t\sin R+\cos R}{1+t^2}e^{-Rt}\right\}dt$$

だから，

$$\left|\int_0^R \frac{dt}{1+t^2} - I(R)\right| = \left|\int_0^R \frac{t\sin R+\cos R}{1+t^2}e^{-Rt}dt\right|$$

$$\leqq \int_0^R e^{-Rt}dt = \frac{1-e^{-R^2}}{R} \to 0 \quad (R\to\infty)$$

一方，

$$I(R)=\int_0^R \sin x\left(\int_0^R e^{-xt}dt\right)dx = \int_0^R \sin x\frac{1-e^{-Rx}}{x}dx$$

だから，

$$\left|\int_0^R \frac{\sin x}{x}dx - I(R)\right| = \left|\int_0^R \frac{\sin x}{x}e^{-Rx}dx\right| \leqq \int_0^R \frac{|\sin x|}{x}e^{-Rx}dx$$

$$\leqq \int_0^R e^{-Rx}dx = \frac{1-e^{-R^2}}{R} \to 0 \quad (R\to\infty)$$

ゆえに，

$$\lim_{R\to\infty}\left\{\int_0^R \frac{\sin x}{x}dx - \int_0^R \frac{dt}{1+t^2}\right\} = 0.$$

つまり，

$$\int_0^\infty \frac{\sin x}{x}dx = \int_0^\infty \frac{dt}{1+t^2} = \frac{\pi}{2}.$$

□

　一般に，n 変数 $x_1, x_2, \cdots, x_n$ の関数についても，2 変数の場合と同様にして，積分を定義することができる．また，フビニの定理も同様に成り立つが，変数が増えた分だけ，いろいろな累次積分が現れる．

　例 1.37　$R = [0,a] \times [0,b] \times [0,c] = \{(x,y,z) \,|\, 0 \leqq x \leqq a,\ 0 \leqq y \leqq b,\ 0 \leqq z \leqq c\}$ で，f が R 上で連続なとき，

$$\iiint_R f(x,y,z)dxdydz$$
$$= \int_0^a dx \iint_{\substack{0 \leqq y \leqq b \\ 0 \leqq z \leqq c}} f(x,y,z)dydz = \int_0^a dx \int_0^b dy \int_0^c f(x,y,z)dz$$
$$= \int_0^a dx \int_0^c dz \int_0^b f(x,y,z)dy = \int_0^b dy \iint_{\substack{0 \leqq x \leqq a \\ 0 \leqq z \leqq c}} f(x,y,z)dxdz = \cdots\cdots.$$

□

§1.5　積分記号下の微分

　連続関数 $f(x)$ の n 階の原始関数は

$$F_n(x) = \int_{x_0}^x \frac{(x-t)^{n-1}}{(n-1)!}f(t)dt \qquad (n = 1,2,3,\cdots) \qquad (1.25)$$

で与えられる．実際，$(x-t)^{n-1}$ を二項展開すると，

$$F_n(x) = \sum_{k=0}^{n-1} \frac{x^k}{k!} \int_{x_0}^x \frac{(-t)^{n-k-1}}{(n-k-1)!}f(t)dt.$$

これを微分すると，$n \geqq 2$ のとき，

$$F_n'(x) = \sum_{k=1}^{n-1} \frac{x^{k-1}}{(k-1)!} \int_{x_0}^x \frac{(-t)^{n-k-1}}{(n-k-1)!}f(t)dt + \sum_{k=0}^{n-1} \frac{x^k}{k!} \frac{(-x)^{n-k-1}}{(n-k-1)!}f(x)$$

$$= F_{n-1}(x) + \frac{(x-x)^{n-1}}{(n-1)!} f(x) = F_{n-1}(x).$$

しかし，次の定理 1.38(ii) を用いると，

$$\frac{\partial}{\partial x} \frac{(x-t)^{n-1}}{(n-1)!} = \frac{(x-t)^{n-2}}{(n-2)!} \qquad (n \geqq 2)$$

より，$F_n'(x) = F_{n-1}(x)$ がただちに導かれる．

定理 1.38

（ i ） $f(x,t)$ が $x \in [a,b]$, $t \in [\alpha, \beta]$ について連続ならば，

$$F(t) = \int_a^b f(x,t)dx \qquad (t \in [\alpha, \beta]) \tag{1.26}$$

とおくと，$F(t)$ は $t \in [\alpha, \beta]$ について連続である．

（ ii ） さらに，f が t について偏微分可能で，偏導関数 $\dfrac{\partial f}{\partial t}(x,t)$ も (x,t) の連続関数ならば，$F(t)$ は微分可能で，

$$F'(t) = \int_a^b \frac{\partial f}{\partial t}(x,t)dx. \tag{1.27}$$

[証明] （ i ）

$$\omega(\delta) = \max_{\substack{a \leqq x \leqq b \\ \alpha \leqq s, t \leqq \beta \\ |s-t| \leqq \delta}} |f(x,s) - f(x,t)|$$

とおくと，f は一様連続だから，$\lim\limits_{\delta \to 0} \omega(\delta) = 0$. したがって，$\alpha \leqq s$, $t \leqq \beta$, $|s-t| \leqq \delta$ のとき，

$$|F(s) - F(t)| = \left| \int_a^b f(x,s)dx - \int_a^b f(x,t)dx \right|$$

$$\leqq \int_a^b |f(x,s) - f(x,t)|dx \leqq \int_a^b \omega(\delta)dx = \omega(\delta)(b-a).$$

よって，$F(t)$ $(\alpha \leqq t \leqq \beta)$ も一様連続である．

（ii）（i）で f を $\dfrac{\partial f}{\partial t}$ に置き換えると，$G(t) = \int_a^b \dfrac{\partial f}{\partial t}(x,t)dx$ $(\alpha \leqq t \leqq \beta)$ は連続関数であることがわかる．よって，$G(t)$ は積分可能であり，フビニの定理より，

$$\int_\alpha^s G(t)dt = \int_\alpha^s dt \int_a^b \frac{\partial f}{\partial t}(x,t)dx = \int_a^b dx \int_\alpha^s \frac{\partial f}{\partial t}(x,t)dt$$

$$= \int_a^b \{f(x,s) - f(x,\alpha)\}dx = F(s) - F(\alpha)$$

ゆえに，$F'(t) = G(t)$. つまり，(1.27) が成り立つ. ∎

例 1.39　$\alpha > 0$ のとき，

$$\int_0^1 x^\alpha dx = \frac{1}{\alpha+1}, \quad \frac{\partial}{\partial\alpha}x^\alpha = x^\alpha \log x$$

だから，

$$\int_0^1 x^\alpha \log x\, dx = \frac{d}{d\alpha}\int_0^1 x^\alpha dx = \frac{d}{d\alpha}\frac{1}{\alpha+1} = -\frac{1}{(\alpha+1)^2}.$$ □

問 10　部分積分を利用して，例 1.39 の結果を示せ.

問 11　n が自然数のとき，次式が成り立つことを示せ.

$$\int_0^1 x^\alpha(\log x)^n dx = \frac{(-1)^n n!}{(\alpha+1)^{n+1}}.$$

　上の定理 1.38 を，積分区間が無限の場合にも拡張すると，多くの重要な積分を求めることができる.

　簡単のため，積分区間が $[0,\infty)$ の場合を考える.

　関数 $f(x,t)$ $(0 \le x < \infty,\ \alpha \le t \le \beta)$ に対して，次の 2 つの条件をみたす連続関数 $\varphi(x)$ が選べるとき，$f(x,t)$ は t に関して**一様に** x について**積分可能**であるといい，$\varphi(x)$ を $f(x,t)$ の**優関数**と呼ぶ.

(a)　$|f(x,t)| \le \varphi(x)$　　$(\alpha \le t \le \beta)$,

(b)　$\displaystyle\int_0^\infty \varphi(x)dx < \infty.$

定理 1.40

（i）　連続関数 $f(x,t)$ $(0 \le x < \infty,\ \alpha \le t \le \beta)$ が t に関して一様に x について積分可能なとき，

$$F(t) = \int_0^\infty f(x,t)dx \qquad (\alpha \le t \le \beta) \tag{1.28}$$

とおくと，$F(t)$ は連続関数である．

（ii）さらに，$f(x,t)$ が t について偏微分可能で，偏導関数 $\dfrac{\partial f}{\partial t}(x,t)$ も t に関して一様に x について積分可能ならば，$F(t)$ は微分可能で，

$$F'(t) = \int_0^\infty \frac{\partial f}{\partial t}(x,t)dx. \tag{1.29}$$

□

証明の前に少し注意をしておこう．

注意 1.41 x についての積分区間が $(0,\infty)$, $(-\infty,+\infty)$ の場合も，同様の条件のもとに，定理 1.40 の結果が成り立つ．

注意 1.42 上の定理 1.40 に現れた，t に関して一様に積分可能という条件は煩わしい条件である．しかし，たとえば次の例のように，この条件が成り立たないとき，実際に，$F(t)$ が連続にならない場合がある．

例 1.43（フルラーニ(Frullani)の積分）$t \in \mathbb{R}$ のとき，

$$F(t) = \int_0^\infty \frac{\sin tx}{x}dx = \begin{cases} \pi/2 & (t > 0) \\ 0 & (t = 0) \\ -\pi/2 & (t < 0) \end{cases}$$

$t \ne 0$ ならば，$\displaystyle\int_0^\infty \frac{|\sin tx|}{x}dx = \infty$ だから，$f(x,t) = \dfrac{\sin tx}{x}$ の優関数 $\varphi(x)$ は存在しない．よって，$F(t)$ が不連続でも定理 1.40 と矛盾しない．□

[定理 1.40 の証明]

（i）$F_R(t) = \displaystyle\int_0^R f(x,t)dx\ (R>0)$ とおけば，定理 1.38 より，$F_R(t)$ は連続関数である．また，条件(a),(b)より，

$$\max_{\alpha \le t \le \beta} |F(t) - F_R(t)| \le \int_R^\infty \varphi(x)dx \to 0 \qquad (R \to \infty)$$

つまり，F_R は F に区間 $[\alpha, \beta]$ 上で一様収束する．よって，F は連続関数である．（連続関数列が一様収束するとき，その極限が再び連続関数となること

は，§2.2 定理 2.29 で示す．）

（ii） $G_R(t) = \displaystyle\int_0^R \frac{\partial f}{\partial t}(x,t)dx$ とおくと，$G_R(t)$ は連続関数で，$G(t) = \displaystyle\int_0^\infty \frac{\partial f}{\partial t}(x,t)dx$ に一様収束する．ところで，

$$\int_\alpha^s G_R(t)dt = F_R(s) - F_R(\alpha)$$

よって，

$$\int_\alpha^s G(t)dt = F(s) - F(\alpha) \qquad (\alpha \leqq s \leqq \beta)$$

ゆえに，F は微分可能で，$F' = G$. ∎

例 1.44 $f(t,x) = e^{-x^2}\cos tx$ とおくと，

$$\frac{\partial f}{\partial t}(t,x) = -xe^{-x^2}\sin tx\,.$$

したがって，$\varphi(x) = (1+x)e^{-x^2}$ とおくと，$x \geqq 0$ のとき，

$$|f(t,x)| \leqq \varphi(x), \quad \left|\frac{\partial f}{\partial t}(t,x)\right| \leqq \varphi(x), \quad \int_0^\infty \varphi(x)dx < \infty$$

が成り立つ．よって，$F(t) = \displaystyle\int_0^\infty e^{-x^2}\cos tx\,dx$ とおくと，

$$F'(t) = -\int_0^\infty xe^{-x^2}\sin tx\,dx\,.$$

なお，この右辺を部分積分すると，

$$\begin{aligned}
-\int_0^\infty xe^{-x^2}\sin tx\,dx &= \frac{1}{2}\int_0^\infty \left(e^{-x^2}\right)'\sin tx\,dx \\
&= \frac{1}{2}\left\{e^{-x^2}\sin tx\big|_{x=0}^\infty - \int_0^\infty e^{-x^2}t\cos tx\,dx\right\} \\
&= -\frac{t}{2}\int_0^\infty e^{-x^2}\cos tx\,dx = -\frac{t}{2}F(t)
\end{aligned}$$

つまり，$F'(t) = -\dfrac{t}{2}F(t),\ F(0) = \dfrac{\sqrt{\pi}}{2}$ だから，$F(t) = \dfrac{\sqrt{\pi}}{2}e^{-t^2/4}$ である． □

《まとめ》

1.1 単関数近似による積分の定義，基本的な諸性質，および積分計算(より進んだ積分法は第5章).

1.2 主な用語・事項

単関数，積分可能性，積分の基本性質，リーマン和，積分と極限の交換，ベキ級数の項別微分・項別積分，長方形上での積分，フビニの定理(累次積分，積分の順序交換)，積分と微分の交換，e^{-x^2}, $\dfrac{\sin x}{x}$ などの積分.

——————— 演習問題 ———————

1.1 $f(x) = x^p$ (p は自然数)のとき，$I(s_n, [a,b]) = \displaystyle\int_a^b x^p dx$ をみたし，$[a,b]$ 上で f に一様収束する単関数列 $\{s_n\}$ を作れ.

1.2 次の積分の $n \to \infty$ での極限を求めよ.

(1) $\displaystyle\int_0^\infty e^{-nx} \cos x \, dx$ (2) $\displaystyle\int_0^1 \frac{\sin^2 x}{1+n\sin^2 x} dx$ (3) $\displaystyle\int_0^1 \frac{dx}{1+n\sin^2 x}$

1.3 次の積分を求めよ.ただし，$0 < k < 1,\ a, b > 0$ とする.

(1) $\displaystyle\int_0^{\pi/2} \log\left(\frac{1+k\sin x}{1-k\sin x}\right) \frac{dx}{\sin x}$ (2) $\displaystyle\int_0^\infty \frac{\sin ax \cos bx}{x} dx$

1.4 積分 $F(a,b) = \displaystyle\int_0^\infty e^{-ax^2} \sin bx \, dx$ $(a > 0,\ b \in \mathbb{R})$ を求め，それを利用して，次式を導け.

$$\int_0^\infty x e^{-ax^2} \sin bx \, dx = -\frac{b}{4}\sqrt{\frac{\pi}{a^3}} \exp\left(-\frac{b^2}{4a}\right)$$

―― カントール関数と悪魔の階段 ――――――――――――――――

世の中にはさまざまな関数がある. 次に定義する関数 f はカントール (Cantor)関数という.

$0 \leqq x \leqq 1$ とし, x の3進展開が

$$x = .a_1 a_2 a_3 \cdots = \sum_{i=1}^{\infty} \frac{a_i}{3^i} = \frac{a_1}{3} + \frac{a_2}{3^2} + \frac{a_3}{3^3} + \cdots \quad (a_n \in \{0,1,2\})$$

のとき, f の値 $f(x)$ を次の(a), (b)で定める:

(a) $a_1, a_2, \cdots, a_{n-1} \in \{0,2\}$, $a_n = 1$ のとき, $f(x) = \sum_{i=1}^{n-1} \frac{a_i}{2^{i+1}} + \frac{1}{2^n}$

(b) $a_n \in \{0,2\}$, $n = 1, 2, 3, \cdots$ のとき, $f(x) = \sum_{i=1}^{\infty} \frac{a_i}{2^{i+1}}$

つまり, $f(x)$ は2進展開係数が $a_i/2$ の実数である.

このとき, 以下のことがわかる.

(ⅰ) ちょうど繰り上がり, x の3進表示が2通りになるときにも,

$$\sum_{i=1}^{\infty} \frac{2}{2^{i+1}} = 1, \quad \sum_{i=1}^{\infty} \frac{2}{3^i} = 1$$

だから, 値 $f(x)$ は1つにきまる. (よって, ひと安心!)

(ⅱ) $a_1, a_2, \cdots, a_{n-1} \in \{0,2\}$ のとき, (b)より,

$$f(.a_1 a_2 \cdots a_{n-1} 2) = \sum_{i=1}^{n-1} \frac{a_i}{2^{i+1}} + \frac{2}{2^{n+1}} = \sum_{i=1}^{n-1} \frac{a_i}{2^{i+1}} + \frac{1}{2^n}$$

また, (a)より,

$$f(.a_1 a_2 \cdots a_{n-1} 1 \cdots) = \sum_{i=1}^{n-1} \frac{a_i}{2^{i+1}} + \frac{1}{2^n}$$

よって, 区間 $[.a_1 a_2 \cdots a_{n-1} 1, .a_1 a_2 \cdots a_{n-1} 2]$ の上で f は一定で, 定数値 $f(.a_1 a_2 \cdots a_{n-1} 2)$ をとる.

(ⅲ) f は非減少関数である. つまり,

$$x_1 < x_2 \implies f(x_1) \leqq f(x_2)$$

(ⅳ) $\quad |x_1 - x_2| \leqq 3^{-n} \implies |f(x_1) - f(x_2)| \leqq 2^{-n}.$

命題 カントール関数 $f(x)$ は単調非減少な連続関数で, $f(0) = 0$, $f(1) = 1$ を満たし, $n \geqq 1$, $a_1, a_2, \cdots, a_{n-1} \in \{0,2\}$ のとき, 区間 $\left[\sum_{i=1}^{n-1} \frac{a_i}{3^i} + \frac{1}{3^n}, \sum_{i=1}^{n-1} \frac{a_i}{3^i} + \frac{2}{3^n} \right]$ の上では一定値をとる. □

この連続関数のグラフ $y = f(x)$ を描くと，下図のようになる．(なってしまう！ この曲線は悪魔の階段(devil's stair)とあだ名される．)

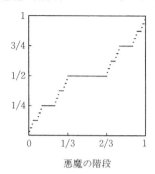

悪魔の階段

カントール関数が増加する点の全体 C を考えてみよう．C の補集合 $[0,1] \setminus C$ は，明らかに次の開区間を含む:

$(1/3, 2/3)$

$(1/9, 2/9)$, $(7/9, 8/9)$

$(1/27, 2/27)$, $(7/27, 8/27)$, $(19/27, 20/27)$, $(25/27, 26/27)$

つまり，長さ $1/3^n$ の区間が 2^{n-1} 個ずつある．したがって，C の補集合 $[0,1] \setminus C$ に含まれる開区間の長さの総和は，1 となる．ゆえに，C の "長さ" は $1-1=0$ である．

カントール関数の増加する点の全体 C は，

$$C = \left\{ x = \sum_{i=1}^{\infty} \frac{a_i}{3^i} \ \middle| \ a_i \in \{0, 2\} \ (i = 1, 2, \cdots) \right\}$$

と書け，3 等分カントール集合とよばれている．

2

連 続 関 数

　この第2章では，まず，「微分と積分1」では直観的に扱った中間値の定理
や最大値の定理を，実数のもつ基本性質から厳密に導き，さらに，より詳し
い性質や多変数の連続関数を扱う．

　このようなやや抽象的な世界に馴染めない読者は，おもしろそうなところ
をざっと拾い読みして，第3章以後に進み，将来その必要を感じたときに読
み直せばよい．

　実際，数学者たちも昔はおおらかに連続性や極限を扱っていた．しかし，
18世紀末あたりになって，おおらかに「幾何学的直観」にのみ依拠している
と，曖昧さや，さらには自己矛盾など深刻な問題があちこちに生ずることが
認識され，数学界全体が意気消沈，つまりは，落ち込んだようである．その
後，ε–δ論法などの厳密な取り扱い方が発見され，フーリエ解析以後の強力
な解析学が誕生することとなった．本章では(そして本分冊を通して)実数の
基本性質は認めて，話を進める．

§2.1　実数の基本性質と連続関数

（a）　上限の存在

　例えば，実数 $\sqrt{2} = 1.4142\cdots$ を定めるためには，

$$1, \quad 1.4, \quad 1.41, \quad 1.414, \quad 1.4142, \quad \cdots$$

のような有理数による近似列を与えればよいが，数直線の上で考えて，集合

$$\{r \mid r \in \mathbb{Q},\ r^2 < 2\} \quad \text{または} \quad \{r \mid r \in \mathbb{Q},\ r^2 \leqq 2\}$$

の "右端" として特徴づけることもできる (図2.1).

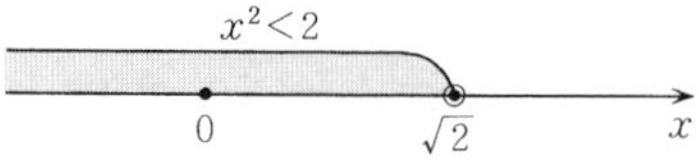

$$x^2 < 2$$

図 2.1

　一般に，実数の集合 A が**上に有界**なとき，つまり，

$$a \in A \quad \Longrightarrow \quad a \leqq M \tag{2.1}$$

をみたす実数 M のあるとき，次のことが成り立つ.

　上限の存在　上に有界な集合 A に対して，次の 2 条件をみたす実数 a^* が定まる:

（A）　$a \in A \quad \Longrightarrow \quad a \leqq a^*$

（B）　$b < a^* \quad \Longrightarrow \quad b < a\ (\leqq a^*)$ をみたす A の元 a がある.

この実数 a^* を集合 A の**上限**(supremum)とよび，

$$a^* = \sup A \tag{2.2}$$

と書く. また，集合 A が上に有界でないことを，

$$\sup A = +\infty \tag{2.3}$$

と表す.

　上の(A), (B)で大小関係を逆にすると，**下に有界**および下に有界な集合の**下限**(infimum)が定義される. A の下限は $\inf A$ と表す. また，A が下に有界でないことを同様に，$\inf A = -\infty$ と表す.

　例2.1　実数 a に対して，

$$\begin{aligned}
\sqrt[3]{a} &= \sup\{x \in \mathbb{Q} \mid x^3 \leqq a\} \\
&= \inf\{x \in \mathbb{Q} \mid x^3 > a\}.
\end{aligned}$$

$\square$

　上限の存在から，有界単調列の収束が導かれる.

　定理2.2　有界な非減少列は収束する. すなわち，数列 $\{a_n\}_{n=1}^{\infty}$ に対して，

2つの仮定

(a) $a_n \leqq M \ (n = 1, 2, \cdots)$ をみたす実数 M がある

(b) $a_1 \leqq a_2 \leqq \cdots \leqq a_n \leqq a_{n+1} \leqq \cdots$

が成り立てば，数列 $\{a_n\}$ はその上限 $\displaystyle\sup_{n \geqq 1} a_n$ に収束する． $\Box$

注意 集合 $A = \{a_n \mid n \geqq 1\}$ の上限を $\displaystyle\sup_{n \geqq 1} a_n$ と略記する．同じように，集合 $\{f(x) \mid a \leqq x \leqq b\}$ の上限は，$\displaystyle\sup_{a \leqq x \leqq b} f(x)$ とも表す．

[証明] 仮定(a)より，集合 $\{a_n \mid n \geqq 1\}$ の上限が存在する．$a^* = \displaystyle\sup_{n \geqq 1} a_n$ とおくと，上限の性質(B)により，正数 ε をどんなに小さく与えても，

$$a^* - \varepsilon < a_N$$

をみたす N がある．このとき，仮定(b)と上限の性質(A)から，

$$n \geqq N \quad \Longrightarrow \quad a^* - \varepsilon < a_n \leqq a^*.$$

よって，任意の正数 ε に対して，

$$n \geqq N \quad \Longrightarrow \quad |a_n - a^*| < \varepsilon$$

をみたす N が存在する，つまり，$\displaystyle\lim_{n \to \infty} a_n = a^*$． $\blacksquare$

例 2.3 $0 < r < 1$ のとき，

$$\sum_{k=0}^{\infty} r^k = \lim_{n \to \infty} \sum_{k=0}^{n} r^k = \frac{1}{1-r}.$$

実際，$a_n = \displaystyle\sum_{k=0}^{n} r^k$ とおくと，$\{a_n\}_{n=0}^{\infty}$ は単調増大，また，$(1-r)a_n = 1 - r^{n+1} \leqq 1$ より，$\{a_n\}_{n=0}^{\infty}$ は有界．したがって，a_n の極限 $\displaystyle\lim_{n \to \infty} a_n$ が存在する．よって，$1 - (1-r)a_n = r^{n+1} \to 0 \ (n \to \infty)$ より，$\displaystyle\lim_{n \to \infty} a_n = \frac{1}{1-r}$ がわかる． $\Box$

例 2.4 p が実数で，$p > 1$ のとき，$\displaystyle\sum_{k=1}^{\infty} \frac{1}{k^p}$ は収束する．

実際，$a_n = \displaystyle\sum_{k=1}^{n} \frac{1}{k^p}$ は明らかに単調増大．上界を求めるために，$2^m \leqq k < 2^{m+1} \ (m \geqq 0)$ と分けて考えると，

$$\sum_{k=2^m}^{2^{m+1}-1} \frac{1}{k^p} \leqq \sum_{k=2^m}^{2^{m+1}-1} \frac{1}{2^{mp}} = \frac{2^m}{2^{mp}} = \left(\frac{1}{2^{p-1}}\right)^m.$$

ここで，$2^{p-1} > 1$ だから，

$$a_n \leqq \sum_{m=0}^{\infty} \left(\frac{1}{2^{p-1}} \right)^m = \frac{1}{1-2^{-(p-1)}} \qquad (n = 1, 2, \cdots)$$

ゆえに，$\lim_{n \to \infty} a_n = \sum_{k=1}^{\infty} \frac{1}{k^p}$ は存在する. ☐

問1 同様に考えて，$p \leqq 1$ のとき，$\sum_{k=1}^{\infty} \frac{1}{k^p}$ は発散することを示せ.

例2.5 $x \geqq 0$ のとき，$\lim_{n \to \infty} \left(1 + \frac{x}{n} \right)^n$, $\sum_{k=0}^{\infty} \frac{x^k}{k!}$ は共に存在し，値は一致する. ☐

上限の存在から，中間値の定理を導くことができる.

定理2.6（中間値の定理）　f が区間 $[a, b]$ で連続な関数で，γ が実数のとき，

$$f(a) < \gamma < f(b) \quad \text{または} \quad f(a) > \gamma > f(b)$$

ならば，$f(c) = \gamma$, $a < c < b$ をみたす c が必ず存在する.

[証明]　$A = \{ x \mid a \leqq x \leqq b, \ f(x) < \gamma \}$ とおくと，A は上に有界だから，上限をもつ. $c = \sup A$ とおいて，$f(c) = \gamma$ を示そう.

まず，上限の性質(B)より，自然数 n に対して，

$$c - \frac{1}{n} < x_n \leqq c, \quad x_n \in A$$

となる実数 x_n が選べる. このとき，$\lim_{n \to \infty} x_n = c$, $x_n \in A$ だから，

$$f(c) = \lim_{n \to \infty} f(x_n) \leqq \gamma.$$

一方，上限の性質(A)より，$c < x \leqq b$ ならば $x \notin A$ だから，$f(x) \geqq \gamma$. よって，

$$f(c) = \lim_{n \to \infty} f\left(c + \frac{1}{n} \right) \geqq \gamma$$

ゆえに，$f(c) = \gamma$. ∎

直観的にはグラフより明らかなように見えることも，上限の存在から厳密に導くことができる.

例題 2.7 $f: [a,b] \to \mathbb{R}$ が単調非減少関数のとき，次の左極限，右極限が存在することを示せ.

$$
\begin{cases}
f(x-0) = \lim_{\substack{y \to x \\ y < x}} f(y) & (a < x \leqq b) \\[2mm]
f(x+0) = \lim_{\substack{y \to x \\ y > x}} f(y) & (a \leqq x < b)
\end{cases}
\tag{2.4}
$$

[解] $a < x \leqq b$ として，集合 $A = \{f(y) \mid a \leqq y < x\}$ を考えると，$y < x$ のとき $f(y) \leqq f(x)$ だから，A の上限が存在する. $\alpha = \sup A$ とおくと，$y < x$ のとき，$f(y) \leqq \alpha$ が成り立つ.

ところで，上限の性質(B)によって，任意の自然数 k に対して，

$$
\alpha - \frac{1}{k} \leqq \beta_k \leqq \alpha
$$

をみたす A の元 β_k が存在する. そこで，$f(y_k) = \beta_k$, $y_k < x$ をみたす y_k $(k \geqq 1)$ をとると，f は単調非減少だから，

$$
\max_{1 \leqq j \leqq k} y_j \leqq y < x \implies \alpha - \frac{1}{k} \leqq f(y) \leqq \alpha
\tag{2.5}
$$

よって，$y_\infty = \sup_{k \geqq 1} y_k$ とおくとき，$y_\infty = x$ ならば，(2.4)は $\lim_{\substack{y \to x \\ y < x}} f(y) = \alpha$ を示している. また，もし $y_\infty < x$ ならば，$y_\infty < y < x$ のとき $f(y) = \alpha$ となるから，やはり，$\lim_{\substack{y \to x \\ y < x}} f(y) = \alpha$ が成り立つ.

右極限 $f(x+0)$ についても同様に証明することができる. ∎

注意 定義域の各点で左右の極限をもつ関数を，第1種不連続関数という.

上限の性質を駆使する問題を1つ考えてみよう.

例題 2.8 非負実数列 $\{a_n\}_{n=1}^\infty$ が劣加法的，つまり，

$$a_{n+m} \leqq a_n + a_m \qquad (n, m \geqq 1) \qquad\qquad (2.6)$$

が成り立つと仮定する. このとき, 極限 $\lim_{n \to \infty} \dfrac{a_n}{n}$ が存在して, $\alpha = \inf_{n \geqq 1} \dfrac{a_n}{n}$ に等しいことを示せ.

[解] (2.6)を繰り返し用いれば,

$$a_{m_1 + m_2 + \cdots + m_n} \leqq a_{m_1} + a_{m_2} + \cdots + a_{m_n} \qquad (n \geqq 1,\ m_1, \cdots, m_n \geqq 1)$$

とくに, $n = qk + r$ のとき, $a_n \leqq q a_k + a_r$. ここで, k を固定して, $\max_{0 \leqq r < k} a_r = A_k$ とおくと,

$$n = qk + r \ (0 \leqq r < k) \text{ のとき,} \quad \frac{a_n}{n} \leqq \frac{q a_k + a_r}{n} \leqq \frac{a_k}{k} + \frac{A_k}{n}.$$

よって, $\alpha_m = \sup_{n \geqq m} \dfrac{a_n}{n}$ とおくと,

$$\alpha_m \leqq \frac{a_k}{k} + \frac{A_k}{m}.$$

ところで, $\alpha_1 \geqq \alpha_2 \geqq \cdots \geqq \alpha_m \geqq \alpha = \inf_{n \geqq 1} \dfrac{a_n}{n}$ だから, $\lim_{m \to \infty} \alpha_m$ が存在する. したがって,

$$\alpha \leqq \lim_{m \to \infty} \alpha_m \leqq \frac{a_k}{k} \qquad (k \geqq 1).$$

よって, k について下限をとれば,

$$\lim_{m \to \infty} \alpha_m = \alpha = \inf_{k \geqq 1} \frac{\alpha_k}{k}.$$

一方, $\alpha \leqq \dfrac{a_n}{n} \leqq \alpha_n$ だから, $\lim_{n \to \infty} \dfrac{a_n}{n}$ は存在して, α に等しい. ∎

注意 上の証明に現れた $\lim_{m \to \infty} \alpha_m = \lim_{m \to \infty} \sup_{n \geqq m} \dfrac{a_n}{n}$ は数列 $\left\{ \dfrac{a_n}{n} \right\}$ の上極限である. 本節末の注意2.21参照.

問2 上の例題2.8は, a_n が非負でない場合にも成り立つことを示せ. (ただし, $\inf_{n \geqq 1} \dfrac{a_n}{n} = -\infty$ のときは, $\lim_{n \to \infty} \dfrac{a_n}{n} = -\infty$.)

上の例題2.8の応用例を1つ紹介しておこう.

例 2.9 n 次正方行列 $A = (a_{ij})_{i,j=1,2,\cdots,n}$ に対して, 一般に,

$$\|A\| = \sqrt{\sum_{i=1}^{n} \sum_{j=1}^{n} |a_{ij}|^2}$$

と書くことにすると,

（ i ） $\rho(A) = \lim_{k \to \infty} \|A^k\|^{1/k}$ が存在し, $\inf_{k \geq 1} \|A^k\|^{1/k}$ に等しい.

（ ii ） α が行列 A の固有値ならば(つまり, $Ax = \alpha x$ をみたす 0 でないベクトル x が存在すれば), $|\alpha| \leq \rho(A)$. 　　　　□

　　注意 $\rho(A)$ を正方行列 A のスペクトル半径という. また, $\rho(A) = \max\{|\alpha| ; \alpha$ は A の固有値$\}$ が成り立つ.

この事実は, 次のような方針で証明される.

（ 1 ） A, B が n 次正方行列のとき, $\|AB\| \leq \|A\| \|B\|$.

（ 2 ） よって, $a_k = \log \|A^k\|$ とおくと, $a_{k+m} \leq a_k + a_m$ だから,

$$\log \rho(A) = \lim_{k \to \infty} \frac{1}{k} a_k = \inf_{k \geq 1} \frac{1}{k} a_k \; (\geq -\infty).$$

（ 3 ） $Ax = \alpha x$, $x \neq 0$ ならば, $|\alpha|^k \|x\| = \|A^k x\| \leq \|A^k\| \|x\|$. つまり, $|\alpha| \leq \|A^k\|^{1/k}$, よって, $|\alpha| \leq \rho(A)$. 　　　　□

　　問 3 シュワルツの不等式を用いて, 上の(1)を示せ.

　中間値の定理は, 次項で述べる区間縮小の原理を用いて証明することもできる. この考え方はそのまま数値計算にも使えるので簡単に紹介する.

　区間 $[a,b]$ で定義された関数 f が連続で, $f(a) < \gamma < f(b)$ のとき, $f(c) = \gamma$ をみたす実数 c は次の手順で求められる. これを二分法という.

　まず, a,b の中点 $m = \dfrac{a+b}{2}$ をとり, $f(m)$ の値を求める.

[1] もし $f(m) = \gamma$ ならば, $c = m$ が(1 つの)答えである

[2] もし $f(m) > \gamma$ ならば, $a_1 = a$, $b_1 = m$ とおくと, $f(a_1) < \gamma < f(b_1)$

[3] また $f(m) < \gamma$ ならば, $a_1 = m$, $b_1 = b$ とおくと, $f(a_1) < \gamma < f(b_1)$

この手順を繰り返して，$f(a_n) < \gamma < f(b_n)$ となるように，区間 $[a_{n-1}, b_{n-1}]$ から，半分の長さの区間 $[a_n, b_n]$ を選ぶ.

このとき，$b_n - a_n = \dfrac{b-a}{2^n} \to 0$ だから，すべての $[a_n, b_n]$ に入る実数はただ1つ定まる．これを c とすると，

$$\lim_{n \to \infty} a_n = \lim_{n \to \infty} b_n = c, \quad f(a_n) < \gamma < f(b_n)$$

だから，$f(c) = \gamma$ が成り立つ.

(b)　区間縮小の原理

実数 $\sqrt{2}$ はまた，（関数 $y = x^2$ の単調性より）誤差区間を

$$I_1 = [1, 2], \quad I_2 = [1.4, 1.5], \quad I_3 = [1.41, 1.42], \quad \cdots$$

と順次縮小して，すべての I_n に共通に入る実数として定めることもできる.

一般に，次のことがいえる.

閉区間縮小の原理：　閉区間の減少列 $I_1 \supset I_2 \supset \cdots \supset I_n \supset I_{n+1} \supset \cdots$ の共通部分 $\bigcap\limits_{n=1}^{\infty} I_n$ は空集合ではない.
とくに，I_n の長さが 0 に収束するとき，この共通部分 $\bigcap\limits_{n=1}^{\infty} I_n$ はただ1つの実数を定める.

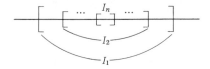

図 2.2　閉区間縮小の原理

例 2.10　$\displaystyle\bigcap_{n=1}^{\infty} \left[-\frac{1}{n}, \, 1 + \frac{1}{2^n} \right] = [0, 1], \quad \bigcap_{n=1}^{\infty} \left[-\frac{1}{n}, \, \frac{1}{n+1} \right] = \{0\}.$ 　　□

注意　上において，I_n は閉区間であることが肝要である．例えば図2.3では，

$$\bigcap_{n=1}^{\infty} \left(0, \frac{1}{n} \right] = \left\{ x \in \mathbb{R} \mid 0 < x \leqq \frac{1}{n} \ (n = 1, 2, 3, \cdots) \right\} = \emptyset.$$

この閉区間縮小の原理を用いると，以下で定理2.15として述べる実数の

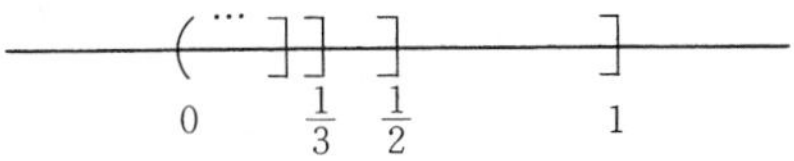

図2.3　$\bigcap_{n=1}^{\infty} \left(0, \dfrac{1}{n}\right] = \emptyset$

もつ重要な性質を導くことができる．その性質を理解するために，まず次の事実に注意しておこう．

数列 $\{a_n\}_{n=1}^{\infty}$ が収束しなくても，$\{a_n\}$ から適当に抜き出して得られる数列は収束することがある．

例 2.11　$a_n = (-1)^n$ のとき，$\displaystyle\lim_{n\to\infty} a_{2n} = 1$, $\displaystyle\lim_{n\to\infty} a_{2n+1} = -1$.　　□

例 2.12　$a_n = \sin\dfrac{n\pi}{2}$ のとき，$\displaystyle\lim_{n\to\infty} a_{2n} = 0$, $\displaystyle\lim_{n\to\infty} a_{4n\pm 1} = \pm 1$.　　□

一般に，ある数列 $\{a_n\}$ から抜き出して得られる数列を $\{a_n\}$ の**部分列**という．このとき，抜き出した項を，

$$a_{n_1},\ a_{n_2},\ a_{n_3},\ \cdots \qquad (1 \leqq n_1 < n_2 < n_3 < \cdots)$$

とすれば，その部分列は $\{a_{n_k}\}_{k=1}^{\infty}$ と表すことができる．

例 2.13　$a_n = \dfrac{1}{n}$ のとき，どんな部分列 $\{a_{n_k}\}_{k=1}^{\infty}$ をとっても，$\displaystyle\lim_{k\to\infty} a_{n_k} = 0$.　　□

例題 2.14　数列 $\{a_n\}$ を次のように定める．

p が非負整数で，$2^p \leqq n < 2^{p+1}$ のとき，

$$a_n = 2^{-p} n - 1.$$

このとき，$0 \leqq \alpha \leqq 1$ に対して，$\displaystyle\lim_{n\to\infty} a_{n_k} = \alpha$ をみたす部分列 $\{a_{n_k}\}$ を作れ．

［解］　$0 \leqq \alpha < 1$ のとき，α を2進展開しておく．

$$\alpha = \sum_{p=1}^{\infty} \frac{\alpha_p}{2^p} \qquad (\alpha_p \in \{0, 1\}).$$

$n = 2^k, 2^k+1, \cdots, 2^{k+1}-1$ のとき，$a_n = 0, 2^{-k}, 2\cdot 2^{-k}, \cdots, 1-2^{-k}$ だから，$n_k = 2^k + \sum_{p=1}^{k} \alpha_p 2^{k-p}$ とおくと，$a_{n_k} = \sum_{p=1}^{k} \dfrac{\alpha_p}{2^p}$. よって，$\displaystyle\lim_{n\to\infty} a_{n_k} = \sum_{p=1}^{\infty} \dfrac{\alpha_p}{2^p} = \alpha$ が成り立つ．

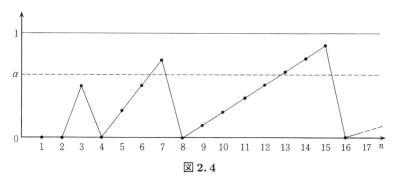

図 2.4

また, $\alpha = 1$ のときは, $a_{2^k-1} = 1 - 2^{-k+1} \to 1 \ (k \to \infty)$. ∎

以上で準備体操を終わり, 本節の主定理を述べよう.

定理 2.15 (ボルツァーノ–ワイエルシュトラス(Bolzano–Weierstrass)の定理) 有界な実数列は収束する部分列を含む. つまり, 数列 $\{a_n\}_{n=1}^{\infty}$ が, ある定数 M に対して,

$$|a_n| \leqq M \qquad (n = 1, 2, 3, \cdots) \tag{2.7}$$

をみたすとき, 自然数の増大列

$$n_1 < n_2 < n_3 < \cdots < n_k < n_{k+1} < \cdots \tag{2.8}$$

が選べて, 部分列 $\{a_{n_k}\}_{k=1}^{\infty}$ は極限をもつ. □

注意 このような収束部分列 $\{a_{n_k}\}_{k=1}^{\infty}$ の極限は, 上の例 2.11〜2.13 や例題 2.14 からわかるように, 1 個のことも有限個のことも無限個のこともある.

[証明] まず, 区間 $I_0 = [-M, M]$ を順に 2 等分して, 次のような閉区間の減少列 $I_1, I_2, \cdots$ が選べることを示す.

(a) $I_k \supset I_{k+1}$, I_k の長さは $\dfrac{2M}{2^k}$.

(b) I_k は無限個の a_n を含む.

作り方. 閉区間 I_k をその中点で 2 等分して, 左右 2 つの閉区間 I_k', I_k'' に分けると, 次のいずれかが成り立つ.

(イ) I_k' に入る a_n は無限個 (ロ) I_k' に入る a_n は有限個

まず, (イ)のときは, $I_{k+1} = I_k'$ とおく. また, (ロ)のときは, 残りの半分 I_k''

に入る a_n は無限個になるから，$I_{k+1}=I_k''$ とおく．すると，(a),(b)より区間縮小の原理が適用でき，$\bigcap_{k=1}^{\infty} I_k$ はただ1つの実数を定める．この実数を a_∞ とおく．

求める収束部分列を作ろう．$\{a_n\}$ から区間 I_k に入るものを1つずつ選んでいき，それを a_{n_k} とする．この際，$n_1<n_2<\cdots<n_k$ をみたすように選べることは，(b)より I_k が無限個の a_n を含むことからわかる．すると，a_{n_k} も a_∞ も I_k に含まれるから，$|a_{n_k}-a_\infty| \leqq \dfrac{2M}{2^k}$．ゆえに，$\displaystyle\lim_{k \to \infty} a_{n_k}=a_\infty$. ∎

上のボルツァーノ–ワイエルシュトラスの定理(以下の証明では BW の定理と略記)を用いて，最大値の定理を証明しよう．

定理 2.16 有界な閉区間で定義された連続な実数値関数は最大値をもつ．

[証明] 次の2段階に分けて証明する．

(1) 有界な閉区間 $[a,b]$ で連続な実数値関数 f の値域 $\{f(x) \,|\, a \leqq x \leqq b\}$ は上に有界である．

(2) $\alpha=\displaystyle\sup_{a \leqq x \leqq b} f(x)$ とおくと，ある $c \in [a,b]$ で $f(c)=\alpha$.

(1)の証明．もし上に有界でなければ，

$$f(x_n) \geqq n, \quad a \leqq x_n \leqq b$$

をみたす $x_n\,(n=1,2,\cdots)$ がある．BW の定理より，数列 $\{x_n\}$ は収束する部分列 $\{x_{n_k}\}$ を含む．その極限を x_∞ とすれば，$a \leqq x_\infty \leqq b$ で，f は連続だから，

$$f(x_\infty) = \lim_{k \to \infty} f(x_{n_k}) \geqq \lim_{k \to \infty} n_k = \infty.$$

これは，f が実数値関数であることに反する．ゆえに，(1)を得る．

(2)の証明．(1)より，f の値域は上限をもつから，

$$\alpha = \sup_{a \leqq x \leqq b} f(x)$$

とおく．ここで，上限の性質(B)を用いれば，

$$\alpha - \frac{1}{n} < f(x_n) \leqq \alpha \qquad (n=1,2,\cdots)$$

をみたす数列 $\{x_n\}$ を区間 $[a,b]$ から選べる．そこで再び BW の定理を使って，収束する部分列 $\{x_{n_k}\}$ を選び，その極限を c とすれば，

$$\alpha \geqq f(c) = \lim_{k \to \infty} f(x_{n_k}) \geqq \lim_{k \to \infty}\Big(\alpha - \frac{1}{n_k}\Big) = \alpha.$$

ゆえに，$f(c) = \alpha$.

以上から，$f(x)\ (a \leqq x \leqq b)$ は $x = c$ で最大値をとることが示された. ■

例題 2.17　多項式 $f(x) = x^n + c_1 x^{n-1} + \cdots + c_n$ に対して，次のことを示せ. ただし，$c_1, c_2, \cdots, c_n$ は実数とする.

（ⅰ）　n が奇数ならば，任意の実数 γ に対して，$f(c) = \gamma$ となる実数 c が（少なくとも1つ）ある.

（ⅱ）　n が偶数ならば，$f(x)\ (-\infty < x < +\infty)$ は最小値をもつ.

［解］　$n = 2m+1$（奇数）のとき，

$$\lim_{x \to \infty} f(x) = \lim_{x \to \infty} x^{2m+1}\Big(1 + \frac{c_1}{x} + \cdots + \frac{c_{2m+1}}{x^{2m+1}}\Big) = \infty$$

$$\lim_{x \to -\infty} f(x) = \lim_{x \to -\infty} x^{2m+1}\Big(1 + \frac{c_1}{x} + \cdots + \frac{c_{2m+1}}{x^{2m+1}}\Big) = -\infty$$

したがって，任意の γ に対して，$f(a) < \gamma < f(b)$，$a < b$ をみたす a, b が必ず存在する. よって，区間 $[a, b]$ で f に中間値の定理を適用すれば，(ⅰ) を得る.

$n = 2m$（偶数）のとき，$\lim_{x \to \pm\infty} f(x) = \infty$ だから，
$$x < a,\ x > b\ \text{のとき，}\quad f(x) > f(0)$$

をみたす $a < b$ がある. そこで，閉区間 $[a, b]$ での f の最小値を c とすれば，c は f の $-\infty < x < \infty$ での最小値となる. ■

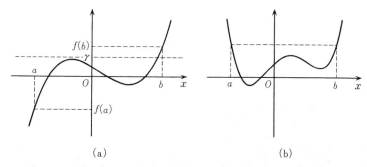

図 **2.5**　(a) n が奇数，(b) n が偶数.

ここで収束半径について少し触れておこう.

補題 2.18 級数 $\sum\limits_{n=0}^{\infty} c_n$ が収束すれば, $|z| < 1$ のとき, 級数 $\sum\limits_{n=0}^{\infty} |c_n z^n|$ も収束する.

[証明] $\sum\limits_{n=0}^{\infty} c_n = \lim\limits_{n \to \infty} \sum\limits_{k=0}^{n} c_k$ が収束するから, $\lim\limits_{n \to \infty} c_n = 0$. よって, $\{c_n\}_{n=0}^{\infty}$ は有界列である.

$$|c_n| \leq M \qquad (n = 0, 1, 2, \cdots)$$

とすると, $|z| < 1$ のとき,

$$|c_n z^n| \leq M |z|^n \qquad (n \geq 0).$$

したがって, 数列 $\sum\limits_{k=0}^{n} |c_k z^k|$ は単調増大列で,

$$\sum_{k=0}^{n} |c_k z^k| \leq \sum_{k=0}^{n} M|z|^k = M \frac{1 - |z|^{n+1}}{1 - |z|} \leq \frac{M}{1 - |z|}$$

だから, $\sum\limits_{k=0}^{\infty} |c_k z^k|$ は収束する. ∎

定義 2.19 ベキ級数 $\sum\limits_{n=0}^{\infty} c_n z^n$ に対して,

$$r = \sup\left\{ |z| \,;\, z \in \mathbb{C}, \sum_{n=0}^{\infty} |c_n z^n| \text{ は収束する} \right\} \tag{2.9}$$

をその**収束半径**という. 上の補題より, 次のようにもいえる:

$$r = \sup\left\{ |z| \,;\, z \in \mathbb{C}, \sum_{n=0}^{\infty} c_n z^n \text{ は収束する} \right\}. \tag{2.10}$$

定理 2.20 (コーシー–アダマール(Cauchy–Hadamard)の公式) ベキ級数 $\sum\limits_{n=0}^{\infty} c_n z^n$ の収束半径 r は次の公式で与えられる:

$$\frac{1}{r} = \lim_{n \to \infty} \sup_{k \geq n} |c_k|^{1/k}. \tag{2.11}$$

[証明] 収束半径 r の定義より,

(a) $|z| < r \implies \sum\limits_{n=0}^{\infty} |c_n z^n|$ は収束

(b) $|z| > r \implies \sum\limits_{n=0}^{\infty} |c_n z^n|$ は発散

よって, $a_n = |c_n z^n|$ を考えて, 次のことをいえば十分である:

$\gamma = \lim\limits_{n \to \infty} \sup\limits_{k \geq n} a_k^{1/k}$ とおくとき,

（a′）　$\gamma < 1 \implies \sum\limits_{n=0}^{\infty} a_n$ は収束

（b′）　$\gamma > 1 \implies \sum\limits_{n=0}^{\infty} a_n$ は発散

（a′）の証明．α を $\gamma < \alpha < 1$，例えば，$\alpha = \dfrac{\gamma+1}{2}$ ととると，γ の定義より，$k \geqq n \implies a_k^{1/k} < \alpha$ をみたす n がある．すると，$a_k \leqq \alpha^k\ (k \geqq n)$．よって，

$$\sum_{k=0}^{\infty} a_k = \sum_{k=0}^{n-1} a_k + \sum_{k=n}^{\infty} a_k \leqq \sum_{k=0}^{n-1} a_k + \sum_{k=n}^{\infty} \alpha^k = \sum_{k=0}^{n-1} a_k + \frac{\alpha^n}{1-\alpha} < \infty .$$

（b′）の証明．γ は単調減少列の極限だから，$\gamma > 1$ のとき，

$$\sup_{k \geqq n} a_k^{1/k} \geqq \gamma \qquad (n = 1, 2, \cdots)$$

よって，$a_{k_n} \geqq \gamma^{k_n} \geqq 1\ (k_n \to \infty)$ をみたす自然数列 $\{k_n\}_{n=1}^{\infty}$ がとれる．したがって，$a_k \geqq 1$ をみたす k は無限個存在するから，

$$\sum_{k=0}^{\infty} a_k = \infty .$$

∎

注意 2.21

（ i ）　一般に，数列 $\{a_n\}_{n=1}^{\infty}$ の部分列の極限になる点を，$\{a_n\}_{n=1}^{\infty}$ の**集積点**（accumulation point）という．

（ ii ）　有界な実数列 $\{a_n\}_{n=1}^{\infty}$ の集積点の全体を考えると，1 点集合の場合もあるが，その中には最大のものと最小のものが存在する．それらを

$$\limsup_{n \to \infty} a_n, \quad \liminf_{n \to \infty} a_n \qquad (\text{または，}\ \varlimsup_{n \to \infty} a_n,\ \varliminf_{n \to \infty} a_n) \qquad (2.12)$$

と書き，$\{a_n\}_{n=1}^{\infty}$ の**上極限**，**下極限**という．

例 2.22　例 2.11, 2.12 ではともに，

$$\limsup_{n \to \infty} a_n = 1, \quad \liminf_{n \to \infty} a_n = -1 .$$

□

上極限，下極限については，次のことが成り立つ．

$$\limsup_{n \to \infty} a_n = \lim_{k \to \infty} \sup_{n \geqq k} a_n, \quad \liminf_{n \to \infty} a_n = \lim_{k \to \infty} \inf_{n \geqq k} a_n \qquad (2.13)$$

$$\limsup_{n \to \infty} a_n = \liminf_{n \to \infty} a_n = \alpha \iff \lim_{n \to \infty} a_n = \alpha \qquad (2.14)$$

問4 $\bar{a}_k = \sup\limits_{n \geq k} a_n$ とおくと，$\bar{a}_k - \dfrac{1}{k} < a_{n_k} \leq \bar{a}_k$ をみたす a_{n_k} がとれることを用いて，(2.13)の最初の等式を証明せよ.

この記法を用いると，コーシー–アダマールの公式は

$$\frac{1}{r} = \limsup_{n \to \infty} |c_n|^{1/n} \tag{2.15}$$

となる.（この形で書くのが普通である.）

§2.2　一様連続性，ワイエルシュトラスの多項式近似定理

有界閉区間上の関数の連続性については，よく知られているように，3つの概念がある. ここで，それを整理しておこう.

定理 2.23

（i）　$D \subset \mathbb{R}$ とし，D 上で定義された関数 f について，次の2つは同値である. ただし，$c \in D$ とする.

（a）　c に収束する任意の D の点列 $\{x_n\}_{n=1}^{\infty}$ に対して，
$$\lim_{n \to \infty} f(x_n) = f(c) \qquad (f \text{ は } c \text{ で点列連続})$$

（b）　任意に正数 ε が与えられたとき，
$$x \in D, \quad |x - c| \leq \delta \implies |f(x) - f(c)| \leq \varepsilon \tag{2.16}$$
をみたす正数 δ が存在する（f は c で連続）.

（ii）　$f : [a, b] \to \mathbb{R}$ が，$[a, b]$ の各点 c で連続であれば，f は $[a, b]$ 上で一様連続である，つまり，

（c）
$$\sup_{\substack{a \leq x, y \leq b \\ |x-y| \leq \delta}} |f(y) - f(x)| \to 0 \qquad (\delta \to 0).$$

[証明]　(i)の証明. (b) $\implies$ (a).　$\lim\limits_{n \to \infty} x_n = c$ ならば，任意の δ に対して，N を十分大きく選んでやれば，$|x_n - c| \leq \delta$ が成り立つ. よって，正数 ε が与えられたとき，(b)により δ を定め，この δ に対する N をとってやれば，$|f(x_n) - f(c)| \leq \varepsilon \ (n \geq N)$. ゆえに，$\lim\limits_{n \to \infty} f(x_n) = f(c)$.

（a）$\implies$（b）.　もし，ある正数 ε に対して，(b)の(2.16)が成り立たなけれ

ば, $k \geqq 1$, $\delta = 1/k$ として,

$$x_k \in D, \ |x_k - c| \leqq \frac{1}{k} \quad \text{かつ} \quad |f(x_k) - f(c)| \geqq \varepsilon$$

をみたす x_k がとれる. すると,

$$\lim_{k \to \infty} x_k = c \quad \text{しかし} \quad |f(x_k) - f(c)| \geqq \varepsilon > 0$$

となり, $\lim_{k \to \infty} f(x_k) = f(c)$ と矛盾する. したがって, どんな $\varepsilon > 0$ に対しても (2.16) が成り立つ.

(ii) の証明. もし (c) が成り立たないならば, ある $\varepsilon > 0$ についてはどんな $\delta > 0$ をとっても,

$$\sup_{\substack{a \leqq x, y \leqq b \\ |y - x| \leqq \delta}} |f(y) - f(x)| \geqq \varepsilon$$

が成り立つ. よって, $\delta = 1/k \ (k = 1, 2, \cdots)$ をとると,

$$a \leqq x_k, y_k \leqq b, \quad |y_k - x_k| \leqq \frac{1}{k}, \quad |f(y_k) - f(x_k)| \geqq \varepsilon$$

となる列 $x_k, y_k \ (k \geqq 1)$ が選べる.

まず, $\{x_k\}_{k=1}^{\infty}$ に BW の定理を適用すると, 収束する部分列 $\{x_{k_j}\}_{j=1}^{\infty}$ がとれる. その極限を x_∞ とする. 次に, $\{y_{k_j}\}_{j=1}^{\infty}$ を考えると, これも有界列だから, BW の定理が適用できる. $\{y_{k_j}\}_{j=1}^{\infty}$ の収束部分列 $\{y_{k_{j_i}}\}_{i=1}^{\infty}$ をとり, $y_\infty = \lim_{i \to \infty} y_{k_{j_i}}$ とする. このとき, $x_\infty = \lim_{i \to \infty} x_{k_{j_i}}$ であり, $|y_k - x_k| < 1/k$ だから, $y_\infty = x_\infty$. 一方,

$$|f(y_\infty) - f(x_\infty)| = \lim_{i \to \infty} |f(y_{k_{j_i}}) - f(x_{k_{j_i}})| \geqq \varepsilon > 0.$$

これは矛盾. ゆえに, (c) が成り立つ. ∎

例 2.24　定理 2.23 の (ii) は, 定義域が有界閉区間でないと成り立たない.

（1）　$f(x) = x^2 \ (-\infty < x < +\infty)$. $y - x = \delta$ のとき,

$$f(y) - f(x) = (y - x)(y + x) = \delta(y + x)$$

だから, $\displaystyle \sup_{|y-x|=\delta} |f(y) - f(x)| = \infty$.

（2）　$f(x) = \sin \dfrac{1}{x} \ (0 < x \leqq 1)$ のとき,

$$\sup_{0 < x,y \leq \delta} |f(y) - f(x)| = 2.$$

□

例 2.25 $f: [0,1] \to \mathbb{R}$ をカントール関数とする（p.32 参照）．このとき，

$$|x - y| \leq 3^{-n} \implies |f(x) - f(y)| \leq 2^{-n}$$

であった．これから，

$$\sup_{\substack{0 \leq x,y \leq 1 \\ |y-x| \leq \delta}} |f(y) - f(x)| \leq 3 \cdot \delta^{\alpha}, \quad \alpha = \frac{\log 2}{\log 3}$$

となることがわかる． □

注意 2.26 関数 f はその定義域において，

$$|f(y) - f(x)| \leq L|y - x|^{\alpha}$$

をみたす定数 L, α が存在するとき，α 次ヘルダー（Hölder）**連続**であるといい，とくに，$\alpha = 1$ のときは，**リプシッツ（Lipschitz）連続**という．有界閉区間上の連続微分可能な関数は，平均値の定理より，つねにリプシッツ連続である．

一様連続性の概念は，§1.2 で述べた連続関数の積分可能性の証明のほかにも，やや高級な数学には必須である．次のものは，**ワイエルシュトラスの多項式近似定理**と呼ばれ，例えば，積分の数値計算においては，被積分関数を多項式で近似して計算すれば十分であることを保証している．

定理 2.27 有界閉区間 $[a,b]$ 上の連続関数 f は多項式の列により一様近似可能である．つまり，ある多項式列 P_n $(n \geq 1)$ に対して，$n \to \infty$ のとき，

$$\|f - P_n\| = \max_{a \leq x \leq b} |f(x) - P_n(x)| \to 0$$

が成り立つ． □

注意 以下では $a = 0$, $b = 1$ の場合のみ証明する．一般の場合は 1 次関数を用いて変数変換すればよい．証明方法はいくつか知られているが，ベルンシュテイン（S. N. Bernstein）による次の証明は，多項式 P_n の構成法まで与えている．この多項式の意味などは証明の後で説明する．

[証明]　$0 \leqq x \leqq 1$, $0 \leqq k \leqq n$ のとき,

$$p_{n,k}(x) = \binom{n}{k}x^k(1-x)^{n-k}, \quad \binom{n}{k} = \frac{n!}{k!\,(n-k)!}$$

とおき,

$$P_n(x) = \sum_{k=0}^{n} p_{n,k}(x)f\left(\frac{k}{n}\right)$$

により, 多項式 P_n を定める.

このとき, 次のことが成り立つ.

$$p_{n,k}(x) \geqq 0, \quad \sum_{k=0}^{n} p_{n,k}(x) = 1, \tag{2.17}$$

$$\sum_{k=1}^{n} \frac{k}{n}p_{n,k}(x) = x, \quad \sum_{k=1}^{n}\left(\frac{k}{n}-x\right)^2 p_{n,k}(x) = \frac{x(1-x)}{n}. \tag{2.18}$$

実際, $p_{n,k}(x)\ (k=0,1,2,\cdots,n)$ の母関数

$$\varphi(t) = \sum_{k=0}^{n} p_{n,k}(x)t^k = \sum_{k=0}^{n}\binom{n}{k}(tx)^k(1-x)^{n-k} = (tx+1-x)^n$$

を考えると,

$$\sum_{k=0}^{n} p_{n,k}(x) = \varphi(1) = 1, \quad \sum_{k=0}^{n} kp_{n,k}(x) = \varphi'(1) = nx,$$

$$\sum_{k=0}^{n} k(k-1)p_{n,k}(x) = \varphi''(1) = n(n-1)x^2,$$

$$\sum_{k=0}^{n} (k-nx)^2 p_{n,k}(x) = nx(1-x).$$

よって, (2.17),(2.18)が成り立つ.

次に, $\delta > 0$ のとき,

$$\sum_{\left|\frac{k}{n}-x\right| \geqq \delta} p_{n,k}(x) \leqq \sum_{\left|\frac{k}{n}-x\right| \geqq \delta} \frac{1}{\delta^2}\left(\frac{k}{n}-x\right)^2 p_{n,k}(x) \leqq \frac{x(1-x)}{n\delta^2} \leqq \frac{1}{4n\delta^2}.$$

$$\tag{2.19}$$

さて, $\varepsilon > 0$ に対して, $\delta > 0$ を

$$0 \leqq x,y \leqq 1, \quad |x-y| \leqq \delta \implies |f(x)-f(y)| \leqq \varepsilon \tag{2.20}$$

が成り立つように選んでおくと，

$$\left| f(x) - \sum_{k=0}^{n} p_{n,k}(x) f\left(\frac{k}{n}\right) \right| = \left| \sum_{k=0}^{n} p_{n,k}(x) \left\{ f(x) - f\left(\frac{k}{n}\right) \right\} \right|$$

$$\leqq \sum_{\left|\frac{k}{n}-x\right| \geqq \delta} p_{n,k}(x) \left| f(x) - f\left(\frac{k}{n}\right) \right| + \sum_{\left|\frac{k}{n}-x\right| < \delta} p_{n,k}(x) \left| f(x) - f\left(\frac{k}{n}\right) \right|$$

$$\leqq \frac{1}{4n\delta^2} \cdot 2 \max_{0 \leqq y \leqq 1} |f(y)| + \sum_{\left|\frac{k}{n}-x\right| < \delta} p_{n,k}(x)\varepsilon \leqq \frac{\|f\|}{2n\delta^2} + \varepsilon$$

よって，

$$\|f - P_n\| \leqq \frac{\|f\|}{2n\delta^2} + \varepsilon$$

したがって，$\varepsilon > 0$ が与えられたとき，δ を (2.20) で定め，次に n を，$n \geqq \dfrac{\|f\|}{2\varepsilon\delta^2}$ となるようにとれば，

$$\|f - P_n\| \leqq 2\varepsilon$$

が成り立つ．つまり，$\lim_{n \to \infty} \|f - P_n\| = 0$． ∎

　注意 2.28 上の $p_{n,k}(x)$ $(k = 0, 1, 2, \cdots, n)$ は平均 x の二項分布（図 2.6）である．つまり，表の出る確率が x，裏の出る確率が $1-x$ のとき，硬貨を n 回投げて表の出る回数 S_n が k に等しい確率は，$P(S_n = k) = p_{n,k}(x)$ である．$(2.17), (2.18)$ は，それぞれ，$p_{n,k}(x)$ が確率であること，平均が x で，分散が $\dfrac{x(1-x)}{n}$ であることを式で表したものである．

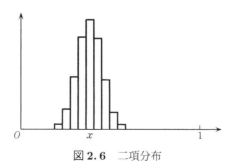

図 2.6 二項分布

　このとき，硬貨を投げる回数 n を大きくしていくと，表の出る相対度数 $\dfrac{S_n}{n}$ が平均 x に近くなる確率は 1 に近づく．つまり，任意の正数 δ に対して，

$$\lim_{n\to\infty} P\Big(\Big|\frac{S_n}{n}-x\Big|<\delta\Big) = \lim_{n\to\infty} \sum_{|\frac{k}{n}-x|<\delta} p_{n,k}(x) = 1 \qquad (2.21)$$

が成り立つ. これを**大数(たいすう)の弱法則**(weak law of large numbers)という.
(2.21)は(2.19)からすぐにわかる.

このとき, 連続関数 f に対して, $f\Big(\dfrac{S_n}{n}\Big)$ の平均(期待値) $E\Big[f\Big(\dfrac{S_n}{n}\Big)\Big]$ について, 次式も成り立つ.

$$\lim_{n\to\infty} E\Big[f\Big(\frac{S_n}{n}\Big)\Big] = \lim_{n\to\infty} \sum_{k=0}^{n} p_{n,k}(x) f\Big(\frac{k}{n}\Big) = f(x). \qquad (2.22)$$

実は, (2.21)と(2.22)は互いに同値である. (積分の定義とは逆に, 単関数

$$s(t) = \begin{cases} 1 & (|t-x| \leqq \delta) \\ 0 & (|t-x| > \delta) \end{cases}$$

を, 連続関数 f を用いて近似することにより, 証明できる.)

上に与えた証明は, 二項分布に対する大数の弱法則の直接証明, および(2.22)の収束が x について一様であることの証明である. また, 分散によって確率を評価する不等式(2.19)は, チェビシェフ(Tchebyshev. Tschebyschev, Chebyshev とも書く)の不等式と呼ばれる(ものの特別な場合である). この大数の弱法則の証明は, 平均 m で, 有限な分散をもつ独立確率変数列 $X_1, X_2, \cdots$ (硬貨投げでは, n 回目に表が出るとき, $X_n = 1$, 裏が出るとき, $X_n = 0$)の和 $S_n = X_1 + \cdots + X_n$ に対しても(少し書きかえれば)適用できて,

$$\lim_{n\to\infty} P\Big(\Big|\frac{X_1 + \cdots + X_n}{n} - m\Big| > \delta\Big) = 0 \qquad (\delta \text{ は任意の正数})$$

を示すことができる.

なお, ワイエルシュトラス自身はフーリエ級数の知識を利用して証明を与えた.

最後に, 連続関数と一様収束は相性がよいことを示しておこう.

定理 2.29　区間 $[a,b]$ 上の連続関数の列 $f_n(x)$ $(n \geqq 1)$ が関数 $f(x)$ に一様収束しているとき, つまり,

$$\|f - f_n\| = \max_{a \leqq x \leqq b} |f(x) - f_n(x)| \to 0 \qquad (n \to \infty)$$

が成り立つとき, $f(x)$ も連続関数である.

［証明］　正数 ε が与えられたとき，まず，

$$\|f - f_n\| \leqq \frac{\varepsilon}{3}$$

をみたす自然数 n を選び，次に，f_n を考え，$a \leqq x \leqq b$ に対して，

$$a \leqq y \leqq b, \quad |x-y| \leqq \delta \quad \Longrightarrow \quad |f_n(y) - f_n(x)| \leqq \frac{\varepsilon}{3}$$

が成り立つように，正数 δ を選ぶと，

$$\begin{aligned}
&|f(x+h) - f(x)| \\
&\leqq |f(x+h) - f_n(x+h)| + |f_n(x+h) - f_n(x)| + |f_n(x) - f(x)| \\
&\leqq \frac{\varepsilon}{3} + \frac{\varepsilon}{3} + \frac{\varepsilon}{3} = \varepsilon
\end{aligned}$$

つまり，

$$a \leqq y \leqq b, \quad |x-y| \leqq \delta \quad \Longrightarrow \quad |f(y) - f(x)| \leqq \varepsilon$$

ゆえに，f も連続関数である． ∎

§2.3　多変数の連続関数

n 変数 $x_1, x_2, \cdots, x_n$ の関数 $f(x_1, x_2, \cdots, x_n)$ を考えるとき，しばしば，n 個の変数をひとまとめにして，

$$f(\boldsymbol{x}) = f(x_1, x_2, \cdots, x_n), \quad \boldsymbol{x} = (x_1, x_2, \cdots, x_n) \qquad (2.23)$$

のように表す．

一般に，n 個の実数の組 $\boldsymbol{x} = (x_1, x_2, \cdots, x_n)$ の全体を $\mathbb{R}^n$ と書き，n 次元数空間という．

2 次元数空間 $\mathbb{R}^2$ の点 $\boldsymbol{x} = (x_1, x_2)$ は，xy 平面上の座標が (x_1, x_2) の点と同一視できる．同様に，3 次元数空間 $\mathbb{R}^3$ の点 $\boldsymbol{x} = (x_1, x_2, x_3)$ は xyz 空間の座標 (x_1, x_2, x_3) をもつ点と考えることができる．

以下，簡単のために $n = 2$ とし，$x_1 = x$，$x_2 = y$ と書いて話を進める．

数平面 $\mathbb{R}^2$ 上の点列 (x_k, y_k) $(k \geqq 1)$ が点 (x, y) に収束するとは，各座標が収束すること，つまり，

$$\lim_{k \to \infty} x_k = x, \quad \lim_{k \to \infty} y_k = y \tag{2.24}$$

のことをいい,

$$\lim_{k \to \infty} (x_k, y_k) = (x, y) \tag{2.25}$$

と表す. このとき, 2点 (x_k, y_k), (x, y) の距離は 0 に近づく:

$$\lim_{k \to \infty} \sqrt{(x_k - x)^2 + (y_k - y)^2} = 0. \tag{2.26}$$

逆に, (2.26)が成り立てば, 三角不等式より(2.24)が, よって, (2.25)が成り立つ.

注意 2.30 一般に, $\mathbb{R}^n$ の点 $\boldsymbol{x} = (x_1, x_2, \cdots, x_n)$ に対して,

$$\|\boldsymbol{x}\| = \sqrt{x_1^2 + x_2^2 + \cdots + x_n^2} \tag{2.27}$$

とおき, (ベクトルとしての) $\boldsymbol{x}$ の長さ, または, **ノルム**(norm)という. この記号を用いると, (2.26)で用いた距離は $\|\boldsymbol{x} - \boldsymbol{y}\|$ と表される. これを, **ユークリッド距離**という. また, $\mathbb{R}^n$ の 2点 $\boldsymbol{x}, \boldsymbol{y}$ に対して, $\boldsymbol{x} = (x_1, x_2, \cdots, x_n)$, $\boldsymbol{y} = (y_1, y_2, \cdots, y_n)$ のとき,

$$\langle \boldsymbol{x}, \boldsymbol{y} \rangle = x_1 y_1 + x_2 y_2 + \cdots + x_n y_n \tag{2.28}$$

と書き, $\langle \boldsymbol{x}, \boldsymbol{y} \rangle$ をベクトル $\boldsymbol{x}, \boldsymbol{y}$ の**内積**という.

問5 次の等式を示せ.

(1) $\|\boldsymbol{x}\| = \sqrt{\langle \boldsymbol{x}, \boldsymbol{x} \rangle}$

(2) $\langle \boldsymbol{x}, \boldsymbol{y} \rangle = \dfrac{1}{4}(\|\boldsymbol{x} + \boldsymbol{y}\|^2 + \|\boldsymbol{x} - \boldsymbol{y}\|^2)$ （中線定理）

定義 2.31 $\mathbb{R}^2$（一般に $\mathbb{R}^n$）の部分集合 A について,

（i） $(x_k, y_k) \in A \ (k \geqq 1)$, $\displaystyle \lim_{k \to \infty} (x_k, y_k) = (x, y)$ ならば, つねに, $(x, y) \in A$ となるとき, A を**閉集合**(closed set)という.

（ii） $(x, y) \in A \Longrightarrow \sqrt{x^2 + y^2} \leqq M$

をみたす正数 M があるとき, A を**有界集合**(bounded set)という.

（iii） A のどの点 (x, y) に対しても, 中心が (x, y) で正の半径をもつ円板が A の中にとれるとき, A を**開集合**(open set)という. □

例 2.32 $n = 1$ のとき，閉区間は閉集合，有界区間は有界集合，開区間は開集合である．より一般に，

（ i ） 有限個の閉区間の和集合は閉集合，

（ ii ） 有限個の有界区間の和集合は有界集合，

（ iii） 任意の個数の開区間の和集合は開集合．　　　　　　　　　　　　□

例 2.33 $n = 2$, $A = \{(x, y) \mid x^2 + y^2 = 1\}$ は閉集合．　　　　　　□

多変数の場合の最大値の定理を考えるためには，次のことが必要になる．

定理 2.34（多次元でのボルツァーノ–ワイエルシュトラスの定理）　A を $\mathbb{R}^n$ の有界な閉集合とすると，A の任意の点列は，A の点に収束する部分列を含む．

[証明]　$n = 2$ の場合について示す．$(x_k, y_k) \in A \ (k \geqq 1)$ とすると，A は有界だから，ある正数 M に対して，

$$x_k^2 + y_k^2 \leqq M^2, \quad \text{とくに} \quad -M \leqq x_k, y_k \leqq M \quad (k \geqq 1) \quad (2.29)$$

したがって，まず，$\{x_k\}_{k=1}^{\infty}$ の収束する部分列 $\{x_{k_j}\}_{j=1}^{\infty}$ がとれる．その極限を $x_\infty = \lim_{j \to \infty} x_{k_j}$ とする．

次に，$\{y_{k_j}\}_{j=1}^{\infty}$ を考えると，$-M \leqq y_{k_j} \leqq M \ (j \geqq 1)$ だから，その収束部分列がとれる．これを $\{y_{k_{j_i}}\}_{i=1}^{\infty}$, $y_\infty = \lim_{i \to \infty} y_{k_{j_i}}$ とおく．

このとき，$\lim_{i \to \infty} x_{k_{j_i}} = x_\infty$ だから，$\lim_{i \to \infty} (x_{k_{j_i}}, y_{k_{j_i}}) = (x_\infty, y_\infty)$. ところで，$(x_{k_{j_i}}, y_{k_{j_i}}) \in A$ で，A は閉集合だから，$(x_\infty, y_\infty) \in A$. したがって，この点列 $\{(x_{k_{j_i}}, y_{k_{j_i}})\}_{i=1}^{\infty}$ は，A の点 (x_∞, y_∞) に収束する $\{(x_k, y_k)\}_{k=1}^{\infty}$ の部分列である．　∎

　注意　一般に，「A の任意の点列は A の点に収束する部分列を含む」とき，A は**点列コンパクト**（sequentially compact）であるという．

定義 2.35　$D \subset \mathbb{R}^n$, $f : D \to \mathbb{R}$, $\boldsymbol{a} = (a_1, \cdots, a_n) \in D$ とする．

$$\boldsymbol{x}_k \in D, \quad \lim_{k \to \infty} \boldsymbol{x}_k = \boldsymbol{a} \quad \Longrightarrow \quad \lim_{k \to \infty} f(\boldsymbol{x}_k) = f(\boldsymbol{a}) \quad (2.30)$$

が成り立つとき，f は点 $\boldsymbol{a}$ で**連続**であるという．1 変数のときと同様に，こ

のことを次のように言ってもよい: 　任意の $\varepsilon > 0$ に対して,

$$\|\boldsymbol{x} - \boldsymbol{a}\| < \delta \quad \Longrightarrow \quad |f(\boldsymbol{x}) - f(\boldsymbol{a})| < \varepsilon$$

をみたす $\delta > 0$ が存在する.

　また,

$$\sup_{\substack{\boldsymbol{x}, \boldsymbol{y} \in D \\ \|\boldsymbol{x} - \boldsymbol{y}\| \leqq \delta}} |f(\boldsymbol{x}) - f(\boldsymbol{y})| \to 0 \qquad (\delta \to 0)$$

が成り立つとき, f は D 上で**一様連続**であるという. 　　　　　$\Box$

　定理 2.36 　A が $\mathbb{R}^n$ の有界閉集合ならば, A 上の連続関数 f は最大値を
もつ.

　[証明]

　（1）　f の値域 $f(A) = \{f(\boldsymbol{x}) \mid \boldsymbol{x} \in A\}$ は上に有界である. 実際, もし,

$$f(\boldsymbol{x}_k) \geqq k, \quad \boldsymbol{x}_k \in A \qquad (k = 1, 2, \cdots)$$

であれば, 定理 2.34 より, $\{\boldsymbol{x}_k\}_{k=1}^{\infty}$ は収束部分列 $\{\boldsymbol{x}_{k_j}\}_{j=1}^{\infty}$ を含む. その極
限を $\boldsymbol{x}_\infty$ とすれば,

$$f(\boldsymbol{x}_\infty) = \lim_{j \to \infty} f(\boldsymbol{x}_{k_j}) \geqq \lim_{j \to \infty} k_j = \infty$$

となり, 矛盾. ゆえに, ある M に対しては "$\boldsymbol{x} \in A \Longrightarrow f(\boldsymbol{x}) \leqq M$" が成り立
つ.

　（2）　$\alpha = \sup f(A)$ とおき,

$$\alpha - \frac{1}{k} \leqq f(\boldsymbol{x}_k) \leqq \alpha, \quad \boldsymbol{x}_k \in A \qquad (k = 1, 2, \cdots)$$

となる点列 $\{\boldsymbol{x}_k\}_{k=1}^{\infty}$ を選べば, 再び定理 2.34 より, $\{\boldsymbol{x}_k\}_{k=1}^{\infty}$ は収束部分列
を含む. その極限を $\boldsymbol{x}_\infty$ とすれば, $f(\boldsymbol{x}_\infty) = \alpha$. 　■

　一様連続性についてもまったく同様に証明される.

　定理 2.37 　A が $\mathbb{R}^n$ の有界閉集合ならば, A 上の連続関数 f は一様連続
である.

　[証明]　（$n = 1$ の場合とまったく同様）もし,

$$\sup_{\substack{\boldsymbol{x}, \boldsymbol{y} \in A \\ \|\boldsymbol{x} - \boldsymbol{y}\| \leqq \delta}} |f(\boldsymbol{y}) - f(\boldsymbol{x})| \to 0 \qquad (\delta \to 0)$$

でなければ，ある正数 ε があって，

$$x_k, y_k \in A, \quad \|x_k - y_k\| \leqq \frac{1}{k}, \quad |f(y_k) - f(x_k)| \geqq \varepsilon$$

となる点列 $\{x_k\}$, $\{y_k\}$ がとれる．定理 2.34 により，まず，$\{x_k\}$ から収束部分列 $\{x_{k_j}\}_{j=1}^{\infty}$ を選び，次に，$\{y_{k_j}\}_{j=1}^{\infty}$ から収束部分列 $\{y_{k_{j_i}}\}_{i=1}^{\infty}$ を選ぶことができる．それぞれの極限を x_∞, y_∞ とすれば，$\|x_k - y_k\| \leqq \frac{1}{k}$ より，$x_\infty = y_\infty$．一方，

$$|f(x_\infty) - f(y_\infty)| = \lim_{i \to \infty} |f(x_{k_{j_i}}) - f(y_{k_{j_i}})| \geqq \varepsilon > 0.$$

これは矛盾．ゆえに，

$$\lim_{\delta \to 0} \sup_{\substack{x, y \in A \\ \|x - y\| \leqq \delta}} |f(y) - (x)| = 0.$$
∎

例題 2.38 $[a, b]$ を有界閉区間，$f: [a, b] \to \mathbb{R}$ が連続なとき，f のグラフ $G = \{(x, y) \in \mathbb{R}^2 \mid x \in [a, b], y = f(x)\}$ は $\mathbb{R}^2$ の有界閉集合であることを示せ．また逆に，そのグラフ G が有界閉集合のとき，$f: [a, b] \to \mathbb{R}$ は連続であることを示せ．

[解] $(x_k, y_k) \in G$, $(x_\infty, y_\infty) = \lim_{k \to \infty} (x_k, y_k)$ とすると，$y_k = f(x_k)$ で，$x_\infty = \lim_{k \to \infty} x_k$ だから，$y_\infty = \lim_{k \to \infty} y_k = \lim_{k \to \infty} f(x_k) = f(x_\infty)$．よって，$(x_\infty, y_\infty) \in G$．

逆に，$x_\infty = \lim_{k \to \infty} x_k$, $y_k = f(x_k)$ とすると，$(x_k, y_k) \in G$．G は有界閉集合だから，$\{(x_k, y_k)\}_{k=1}^{\infty}$ の収束部分列をとり，その極限を (x'_∞, y'_∞) とすると，$x'_\infty = x_\infty$ で，$(x'_\infty, y'_\infty) \in G$，つまり，$y'_\infty = f(x_\infty)$．したがって，$\{(x_k, y_k)\}_{k=1}^{\infty}$ のどんな収束部分列をとっても，その極限は，$(x_\infty, f(x_\infty))$ である．ゆえに，$\lim_{k \to \infty} f(x_k) = f(x_\infty)$．
∎

注意 ここでは，「ある点列のどんな収束部分列をとっても，その極限が同じ点 x ならば，この点列自身が x に収束する」ことを用いた．

┌─── 代数学の基本定理 ─────────────────────────────

複素数 $c_0, c_1, \cdots, c_n$ $(c_n \neq 0)$ を係数とする多項式

$$P(z) = c_0 + c_1 z + c_2 z^2 + \cdots + c_n z^n \qquad (z \in \mathbb{C}) \tag{1}$$

について，次のことがいえる．

定理 1 n 次方程式 $P(z) = 0$ は少なくとも 1 つ根をもつ． □

定理 2 n 次多項式 $P(z)$ は，1 次因子に因数分解できる．つまり，複素数 $\alpha_1, \alpha_2, \cdots, \alpha_n$ が存在して，

$$P(z) = c_n(z - \alpha_1)(z - \alpha_2)\cdots(z - \alpha_n) \tag{2}$$ □

定理 1 の証明は数多くある．ここでは，$z = x + iy$ として，実 2 変数 x, y の連続関数

$$f(x, y) = |P(z)| = |c_0 + c_1 z + c_2 z^2 + \cdots + c_n z^n| \tag{3}$$

の最小値を調べることによって証明してみよう．

[定理 1 の証明]

（1）
$$\lim_{|z| \to \infty} \frac{f(x, y)}{|z|^n} = \lim_{z \to \infty} \left| \frac{c_0}{z^n} + \frac{c_1}{z^{n-1}} + \cdots + \frac{c_{n-1}}{z} + c_n \right|$$
$$= |c_n| > 0$$

したがって，R を十分大きく選べば，次のことがいえる．

$$x^2 + y^2 \geqq R^2 \text{ のとき，} \quad f(x, y) > f(0, 0). \tag{4}$$

（2）$f(x, y)$ を有界閉集合 $D : x^2 + y^2 \leqq R^2$ で考えれば，連続関数だから，最小値をもつ．$m = \min\limits_{x^2 + y^2 \leqq R^2} f(x, y)$ とおくと，式（4）より，

$$m = \min_{-\infty < x, y < +\infty} f(x, y) = \min_{z \in \mathbb{C}} |P(z)| \tag{5}$$

よって，$m = 0$ を示せば証明は完成する．

（3）そこで，$m = f(x_0, y_0) > 0$ と仮定すると矛盾が生ずることを示そう．必要ならば $f(x_0 + x, y_0 + y)$ を改めて $f(x, y)$ とおくことにより，$f(x, y)$ は式（3）で与えられて，

$$m = f(0, 0) > 0 \tag{6}$$

が成り立つと仮定してよい．

（4）このとき，$|c_0| = m > 0$ である．$c_1, c_2, \cdots, c_n$ の中で最初に 0 でないものを c_k $(1 \leqq k \leqq m)$ として，

$$c_k = c_0 \rho e^{i\alpha} \qquad (\rho > 0,\ 0 \leqq \alpha < 2\pi)$$
$$c_j = c_0 c_j' \qquad (j = k+1, \cdots, n)$$

とおくと，$f(x,y)$ は次のように書ける：
$$f(x,y) = m\,|1 + \rho e^{i\alpha} z^k + c_{k+1}' z^{k+1} + \cdots + c_n' z^n| \tag{7}$$

（5）次に，$z = x + iy = r e^{i\theta} = r\cos\theta + ir\sin\theta,\ \theta = (\pi - \alpha)/k$ とおくと，$r > 0$ が十分小さいとき，

$$|1 + \rho e^{i\alpha} z^k| = |1 + \rho r^k e^{i(k\theta + \alpha)}| = |1 + \rho r^k e^{\pi i}|$$
$$= 1 - \rho r^k \tag{8}$$

また，(7)より，
$$\frac{f(x,y)}{|1 + \rho e^{i\alpha} z^k|} = m\left|1 + \frac{c_{k+1}' + c_{k+2}' z + \cdots + c_n' z^{n-k-1}}{1 + \rho e^{i\alpha} z^k} z^{k+1}\right|$$
$$= m(1 + o(r^k)) \qquad (r \to 0) \tag{9}$$

よって，(8),(9)より，
$$f(x,y) = m(1 - \rho r^k + o(r^k)) \qquad (r \to 0) \tag{10}$$

ゆえに，$r > 0$ を十分小さく選べば，
$$f(x,y) < m$$

これは(5)と矛盾する．

以上から，$m = \min_{z \in \mathbb{C}} |P(z)| = 0$ が証明された． ∎

定理 2 は，次の定理を用いて，次数 n についての帰納法により証明される．

定理 3（因数定理）　複素数 α が n 次多項式 $P(z)$ の零点のとき，$P(z)$ は次の形に書ける：
$$P(z) = (z - \alpha)Q(z) \qquad (Q(z) は n-1 次多項式) \qquad \square$$

《まとめ》

2.1　連続関数に関する基本的な定理の証明，連続の概念の整理，多項式近似定理，および多変数関数への拡張.

2.2　主な用語，事項

上限の存在，有界単調列の収束，上限の利用例(スペクトル半径など)，二分法，区間縮小の原理，ボルツァーノ–ワイエルシュトラスの定理，コーシー–アダマールの公式，集積点，上極限・下極限，点列連続，連続，一様連続，ワイエルシュトラスの多項式近似定理，ベルンシュテインの証明，大数の法則，連続関数列の一様極限，$\mathbb{R}^2$ の点列の収束，ノルム，内積，有界閉集合，ボルツァーノ–ワイエルシュトラスの定理の多変数版，最大値の定理の多変数版.

——————— 演習問題 ———————

2.1　f が連続で，$0 \le x \le 1$ のとき $0 \le f(x) \le 1$ ならば，$f(c) = c\,(0 \le c \le 1)$ をみたす c が存在することを示せ.

2.2　c を正定数とする．正の実数列 $\{a_n\}_{n=1}^{\infty}$ が
$$a_{n+m} \le c a_n a_m \qquad (n, m \ge 1)$$
をみたすとき，$\lim_{n \to \infty} \sqrt[n]{a_n}$ が存在することを示せ.

2.3
$$\lim_{n \to \infty} \left| \frac{a_n}{a_{n+1}} \right| = c$$
のとき，ベキ級数 $\sum_{n=0}^{\infty} a_n x^n$ の収束半径を求めよ.

2.4　連続関数 f に対して，次の等式を示せ.
$$\lim_{n \to \infty} \int_0^1 n e^{-nx} f(x) dx = f(0)$$

2.5　長方形に含まれる点列は収束する部分列を含むことを，長方形を 4 分割していくことにより示せ.

多変数関数の微分と 1次, 2次近似

多変数関数についても，微分とは本質的に 1 次近似であり，関数の極値などを調べるためには 1 次近似と共に 2 次近似が重要である.

この章では，主に 2 変数の場合に，1 次, 2 次関数のグラフの形を確認し，微分と偏微分，臨界点，ヘッセ行列などの概念を導入し，さらに，対称行列の対角化と 2 次形式の標準形を，微分法を用いて証明する.

§3.1 多変数の 1 次関数と 2 次関数

微分とは本質的に 1 次近似であり，多変数の場合も，1 次, 2 次関数の理解が基本的である．ここでは，2 変数の場合を中心に詳しく調べておく.

例 3.1 a, b, c が定数のとき，関数
$$z = ax + by + c$$
は xyz 空間内の平面を表す．この平面の単位法線ベクトル $\boldsymbol{n}$ は

$$\boldsymbol{n} = \frac{1}{\sqrt{a^2 + b^2 + 1}} \begin{pmatrix} -a \\ -b \\ 1 \end{pmatrix}$$

であり，平面外の点 (x_0, y_0, z_0) からこの平面までの距離は

$$\frac{z_0 - ax_0 - by_0 - c}{\sqrt{a^2 + b^2 + 1}}$$

である.（ここでは符号つきで, 平面の上側の点までの距離を正に, 下側の点までの距離を負にとってある.）　　　　　　　　　　　　　　□

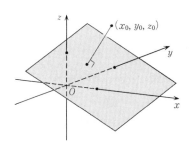

図 3.1　平面外の点から平面までの距離

問 1　$a, b, c > 0$ のとき, 方程式

$$\frac{x}{a} + \frac{y}{b} + \frac{z}{c} = 1$$

が表す平面を描け.

例 3.2　2 次関数 $z = x^2 + y^2$ は放物線 $z = x^2$ を z 軸のまわりに回転させて得られる曲面で, このような曲面を**回転放物面**という. この放物面の等高線 $z = c$ を xy 平面に描くと,

$$c > 0 \text{ のとき, 半径 } \sqrt{c} \text{ の円}$$
$$c = 0 \text{ のとき, 1 点 } (0,0)$$
$$c < 0 \text{ のとき, 空集合}$$

となる.　　　　　　　　　　　　　　□

問 2　下に開いた回転放物面 $z = -x^2 - y^2$ の概形を描け.

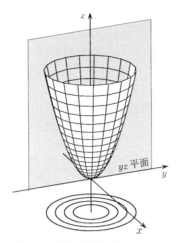

図 3.2 回転放物面 $z = x^2 + y^2$

例 3.3 $z = \alpha x^2 + \beta y^2 \ (\alpha, \beta > 0)$ の等高線は,

$$c > 0 \text{ のとき, 楕円 } \alpha x^2 + \beta y^2 = c$$
$$c = 0 \text{ のとき, 1 点 } (0,0)$$
$$c < 0 \text{ のとき, 空集合}$$

である. また, z 軸を通る平面によるこの平面の切り口はすべて上に開いた放物線である. このような曲面を**楕円放物面**という. □

例 3.4 $z = \alpha x^2 - \beta y^2 \ (\alpha, \beta > 0)$ の等高線 $z = c$ は,

$$c > 0 \text{ のとき, 双曲線 } \alpha x^2 - \beta y^2 = c$$
$$c = 0 \text{ のとき, 2 直線 } \sqrt{\alpha}\,x \pm \sqrt{\beta}\,y = 0$$
$$c < 0 \text{ のとき, 双曲線 } \beta y^2 - \alpha x^2 = |c|$$

である. また, z 軸を通る平面 $y = mx$ による切り口を考えると,
$$z = \alpha x^2 - \beta(mx)^2 = (\alpha - \beta m^2)x^2$$
だから,

$$|m| < \sqrt{\frac{\alpha}{\beta}} \text{ のとき, 上に開いた放物線}$$

$$m = \pm\sqrt{\frac{\alpha}{\beta}} \text{ のとき, 直線 } z = 0, \ y = \pm mx$$

$$|m| > \sqrt{\frac{\alpha}{\beta}} \text{ のとき, 下に開いた放物線}$$

となる. このような曲面を**双曲放物面**という. ▯

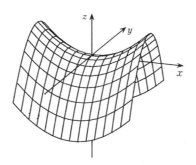

図 **3.3**　双曲放物面 $z = \alpha x^2 - \beta y^2 \ (\alpha, \beta > 0)$

問 3　双曲放物面 $z = y^2 - x^2$ で表される土地に直上から雨が降るとき, 川はどこにできるか. また, 分水嶺はどこか.

例 3.5　$z = \alpha x^2 \ (\alpha > 0)$ で表される曲面は図 3.4 のようになる. このような曲面を**放物筒**という. ▯

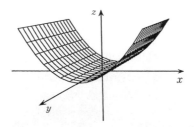

図 **3.4**　放物筒 $z = \alpha x^2 \ (\alpha > 0)$

一般に，2 次の同次関数について次のことがいえる．

定理 3.6　2 次同次関数

$$z = ax^2 + 2bxy + cy^2 \qquad (a^2 + b^2 + c^2 > 0)$$

は適当な回転

$$\begin{cases} x = u\cos\theta - v\sin\theta \\ y = u\sin\theta + v\cos\theta \end{cases} \tag{3.1}$$

を施すと，次のいずれかの形に変形できる $(\alpha, \beta > 0)$．

$$z = \alpha u^2 + \beta v^2, \quad z = -\alpha u^2 - \beta v^2 \qquad \text{(楕円放物面)} \tag{3.2}$$

$$z = \alpha u^2 - \beta v^2 \qquad \text{(双曲放物面)} \tag{3.3}$$

$$z = \alpha u^2, \quad z = -\alpha u^2 \qquad \text{(放物筒)} \tag{3.4}$$

[証明]　θ は後で決めることにして，(3.1)を代入して整理すると，

$$\begin{aligned} z &= ax^2 + 2bxy + cy^2 \\ &= a(u\cos\theta - v\sin\theta)^2 + 2b(u\cos\theta - v\sin\theta)(u\sin\theta + v\cos\theta) \\ &\quad + c(u\sin\theta + v\cos\theta)^2 \\ &= \frac{1}{2}\{(a+c) + (a-c)\cos 2\theta + 2b\sin 2\theta\}u^2 \\ &\quad + \{-(a-c)\sin 2\theta + 2b\cos 2\theta\}uv \\ &\quad + \frac{1}{2}\{(a+c) - (a-c)\cos 2\theta - 2b\sin 2\theta\}v^2 \end{aligned}$$

よって，uv の係数が 0 になるためには，θ を

$$-(a-c)\sin 2\theta + 2b\cos 2\theta = 0$$

となるように選べばよい．そこで，θ を

$$\sin 2\theta = \frac{2b}{\sqrt{(a-c)^2 + 4b^2}}, \quad \cos 2\theta = \frac{a-c}{\sqrt{(a-c)^2 + 4b^2}}$$

により定める．

このとき，u^2, v^2 の係数はそれぞれ，

$$\lambda = \frac{a+c+\sqrt{(a-c)^2 + 4b^2}}{2}, \quad \mu = \frac{a+c-\sqrt{(a-c)^2 + 4b^2}}{2}$$

となる．したがって，

λ, μ が同符号で, 0 でないとき, （3.2）の形

λ, μ が異符号のとき, （3.3）の形

λ, μ の 1 つが 0 のとき, （3.4）の形

となる. （$\lambda = \mu = 0$ ならば, $a = b = c = 0$ である.）　∎

定義 3.7　上の定理 3.6 の式（3.2）〜（3.4）を 2 次同次関数の **標準形** という.　□

問 4　$x^2 + y^2 = 1$ のとき, $f(x, y) = ax^2 + 2bxy + cy^2$ の最大値と最小値を求めよ. また, 最大点を (x_1, y_1), 最小点を (x_2, y_2) とすると, $x_1 x_2 + y_1 y_2 = 0$ であることを示せ.

問 5　同次でない 2 次関数

$$z = ax^2 + 2bxy + cy^2 + fx + gy + h \quad (b^2 - ac \neq 0) \tag{3.5}$$

は xyz 空間で平行移動すれば, 同次関数に変形できることを示せ.

3 変数 x, y, z の 2 次同次関数も, 同様に考えると, 次の標準形をもつことがわかる $(\alpha, \beta, \gamma > 0)$.

$$\alpha x^2 + \beta y^2 + \gamma z^2, \quad -\alpha x^2 - \beta y^2 - \gamma z^2 \tag{3.6}$$

$$\alpha x^2 + \beta y^2 - \gamma z^2, \quad \alpha x^2 - \beta y^2 - \gamma z^2 \tag{3.7}$$

$$\alpha x^2 + \beta y^2, \quad -\alpha x^2 - \beta y^2 \tag{3.8}$$

$$\alpha x^2 - \beta y^2 \tag{3.9}$$

$$\alpha x^2, \quad -\alpha x^2 \tag{3.10}$$

このうち, （3.8）,（3.9）は本質的に 2 変数,（3.10）は 1 変数に帰着できる場合で, このような場合を **退化** した場合という.

非退化な場合（3.6）,（3.7）の等高面として, 以下の曲面が現れる.

例 3.8（楕円面）　方程式

$$\frac{x^2}{a^2} + \frac{y^2}{b^2} + \frac{z^2}{c^2} = 1 \qquad (a, b, c > 0) \tag{3.11}$$

図 3.5 楕円面 $\dfrac{x^2}{a^2} + \dfrac{y^2}{b^2} + \dfrac{z^2}{c^2} = 1 \ (a, b, c > 0)$

が表す曲面は，主軸の長さが $2a, 2b, 2c$ の**楕円面**とよばれている．　　　　　□

問 6　平面による楕円面の切り口は楕円(または1点，または空集合)であること
を確かめよ．

例 3.9（1葉双曲面）　方程式

$$\frac{x^2}{a^2} + \frac{y^2}{b^2} - \frac{z^2}{c^2} = 1 \tag{3.12}$$

が表す曲面の等高線 $z = k$ は楕円で，等高線 $y = l$ は双曲線である．また，楕
円錐

$$\frac{x^2}{a^2} + \frac{y^2}{b^2} - \frac{z^2}{c^2} = 0 \tag{3.13}$$

はこの曲面に漸近する．この曲面を**1葉双曲面**という．
　とくに，$a = b$ のときは，双曲線 $\dfrac{x^2}{a^2} - \dfrac{z^2}{c^2} = 1$ を z 軸のまわりに回転して
得られる回転面である．　　　　　□

問 7　1葉双曲面(3.12)の上にある直線をすべて求めよ[*1].

[*1]　直線を運動させて得られる曲面を線織面という．

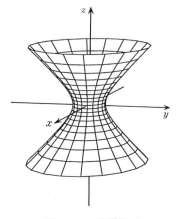

図 3.6 1 葉双曲面
$$\frac{x^2}{a^2} + \frac{y^2}{b^2} - \frac{z^2}{c^2} = 1$$

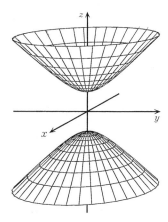

図 3.7 2 葉双曲面
$$\frac{x^2}{a^2} + \frac{y^2}{b^2} - \frac{z^2}{c^2} = -1$$

例 3.10（2 葉双曲面）　方程式

$$\frac{x^2}{a^2} + \frac{y^2}{b^2} - \frac{z^2}{c^2} = -1 \tag{3.14}$$

が表す曲面の等高線 $z = k$ は,

$|k| > c$ のとき, 楕円

$k = \pm c$ のとき, 1 点 $(0, 0, \pm c)$

$|k| < c$ のとき, 空集合

であり, 楕円錐(3.13)はこの曲面に漸近し, 同時に, この曲面を 2 つの部分に分ける. これを **2 葉双曲面** という. □

問 8　双曲面(3.14)の $z > 0$ の部分にある点 (x, y, z) と原点 $(0, 0, 0)$ を結ぶ直線と平面 $z = c$ の交点 (ξ, η, c) を求めよ.

§3.2　多変数関数の微分

1 変数関数 $f(x)$ が $x = x_0$ で微分可能であるとは, 極限

$$\lim_{x \to x_0} \frac{f(x) - f(x_0)}{x - x_0} \tag{3.15}$$

が存在することであり，この値を $f'(x_0), \dfrac{df}{dx}(x_0)$ などと表した．また，その幾何学的な意味は，直線

$$y - y_0 = f'(x_0)(x - x_0), \quad y_0 = f(x_0) \tag{3.16}$$

が曲線 $y = f(x)$ の点 (x_0, y_0) における接線になること，つまり，

$$f(x) - f(x_0) - f'(x_0)(x - x_0) = o(x - x_0) \quad (x \to x_0) \tag{3.17}$$

が成り立つことであった[*2]．このことを，

$$df = f'(x_0)dx \tag{3.18}$$

と表し，df を f の**微分**という．（点 x_0 を明示したいときは，df を $(df)(x_0)$ と書く．）

2変数関数 $f(x, y)$ についても同様に，点 (x_0, y_0) において曲面 $z = f(x, y)$ が接平面をもつとき，この点で $f(x, y)$ は**微分可能**であるという．つまり，ある平面

$$z = ax + by + c \tag{3.19}$$

について，点 (x, y) が (x_0, y_0) に近づくとき，

$$f(x, y) - (ax + by + c) = o(\sqrt{(x - x_0)^2 + (y - y_0)^2}) \tag{3.20}$$

が成り立つならば，$f(x, y)$ は (x_0, y_0) で微分可能といい，この平面(3.20)を曲面 $z = f(x, y)$ の**接平面**という（図 3.8）．

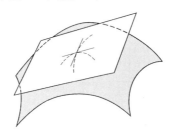

図 3.8 接平面

[*2] 記号 o はランダウの記号とよばれるもののひとつで，$g(x) = o(h(x)) \; (x \to x_0)$ は $\displaystyle\lim_{x \to x_0} \frac{g(x)}{h(x)} = 0$ を表す．

この平面(3.20)は点 (x_0, y_0) を通るから,

$$f(x_0, y_0) = ax_0 + by_0 + c.$$

よって, (3.20)は次のように書ける: $(x, y) \to (x_0, y_0)$ のとき,

$$f(x, y) - f(x_0, y_0) - a(x - x_0) - b(y - y_0) = o(\sqrt{(x - x_0)^2 + (y - y_0)^2}).$$

$$(3.21)$$

このことを, 記号で,

$$df = a\,dx + b\,dy \qquad (3.22)$$

と表し, df を f の点 (x_0, y_0) での**微分**という[*3]. (点 (x_0, y_0) を明示したいときには, $(df)(x_0, y_0)$ と書く.)

注意　f の定義域が制限されているときは, (3.20)は定義域の中の点 (x, y) についてのみ考える.

　上の(3.21)において, とくに, 点 (x, y) を直線 $y = y_0$ に沿って点 (x_0, y_0) に近づければ,

$$f(x, y_0) - f(x_0, y_0) - a(x - x_0) = o(|x - x_0|) \qquad (x \to x_0).$$

よって, a は, y_0 をとめておいて, $f(x, y_0)$ を x の関数と考えたときの $x = x_0$ での微分係数である. 言いかえれば, a は点 (x_0, y_0) における x についての偏微分係数

$$a = \frac{\partial f}{\partial x}(x_0, y_0)$$

である. 同様に, $f(x, y)$ は点 (x_0, y_0) において y についても偏微分可能で,

$$b = \frac{\partial f}{\partial y}(x_0, y_0).$$

定理 3.11　関数 $f(x, y)$ が (x_0, y_0) において微分可能なとき, この点で $f(x, y)$ は偏微分可能で, f の微分は

---

*3　上の式(3.22)は, いろいろな計算結果を表すのに大変便利な記法である. (詳しいことは, 例えば, 本シリーズ『解析力学と微分形式』を参照.)

$$df = \frac{\partial f}{\partial x}(x_0, y_0)dx + \frac{\partial f}{\partial y}(x_0, y_0)dy \tag{3.23}$$

で与えられる. このとき, (x_0, y_0) での曲面 $z = f(x, y)$ の接平面の方程式は

$$z = \frac{\partial f}{\partial x}(x_0, y_0)(x - x_0) + \frac{\partial f}{\partial y}(x_0, y_0)(y - y_0) + z_0 \tag{3.24}$$

ただし, $z_0 = f(x_0, y_0)$.　　　　　　　　　　　　　　　　　　　　□

例 3.12　$f(x, y) = xy$ のとき,

$$f(x+h, y+k) - f(x, y) = (x+h)(y+k) - xy = yh + xk + hk \,.$$

ここで, $hk = o(\sqrt{h^2 + k^2})$ $(h, k \to 0)$ だから,

$$df = y\,dx + x\,dy.$$

また, 点 (x_0, y_0) での接平面の方程式は,

$$z - x_0 y_0 = y_0(x - x_0) + x_0(y - y_0)$$

つまり,

$$z = y_0 x + x_0 y - x_0 y_0 \,.　　　　　　　　　　　　　　□$$

平面上での点 (x, y) の (x_0, y_0) への近づけ方は, 直線 $x = x_0$ や $y = y_0$ に沿った近づけ方の他にもいろいろ考えられる(図 3.9).

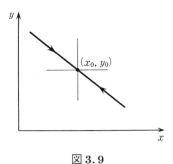

図 3.9

とくに, 平面ベクトル $e = (e_1, e_2)$ をとり, 直線

$$x = x_0 + te_1, \quad y = y_0 + te_2 \qquad (t \in \mathbb{R})$$

に沿って近づけるときの微分係数

$$\lim_{\substack{h \to 0 \\ h > 0}} \frac{f(x_0 + he_1, y_0 + he_2) - f(x_0, y_0)}{h} \tag{3.25}$$

を, e 方向の **方向微分** といい, $D_e f(x_0, y_0)$ と書く.

例 3.13

$$f(x, y) = \begin{cases} \dfrac{2xy}{\sqrt{x^2 + y^2}} & (x, y) \neq (0, 0) \\ 0 & (x, y) = (0, 0) \end{cases}$$

のとき, $f(r\cos\theta, r\sin\theta) = 2r\cos\theta\sin\theta$ だから,

$$D_{(\cos\theta, \sin\theta)} f(0, 0) = 2\cos\theta\sin\theta \ (= \sin 2\theta).$$

とくに,

$$\frac{\partial f}{\partial x}(0, 0) = D_{(1,0)} f(0, 0) = 0, \quad \frac{\partial f}{\partial y}(0, 0) = D_{(0,1)} f(0, 0) = 0.$$

$\square$

定理 3.14 関数 $f(x, y)$ が (x_0, y_0) で微分可能なとき, すべての方向に方向微分可能であり, $e = (e_1, e_2)$ のとき,

$$D_e f(x_0, y_0) = \frac{\partial f}{\partial x}(x_0, y_0)e_1 + \frac{\partial f}{\partial y}(x_0, y_0)e_2. \tag{3.26}$$

とくに, $D_e f(x_0, y_0)$ は e について線形である. つまり,

$$\begin{cases} D_{te} f(x_0, y_0) = t D_e f(x_0, y_0) & （定数倍） \\ D_{e+e'} f(x_0, y_0) = D_e f(x_0, y_0) + D_{e'} f(x_0, y_0) & （和） \end{cases} \tag{3.27}$$

[証明] (3.20)において, $x = x_0 + he_1$, $y = y_0 + he_2$ とすると,

$$f(x_0 + he_1, y_0 + he_2) - f(x_0, y_0) - h(ae_1 + be_2) = o(|h| \|e\|) \quad (h \to 0).$$

よって, f は (x_0, y_0) で e 方向に微分可能で,

$$D_e f(x_0, y_0) = ae_1 + be_2.$$

ところで, $a = \dfrac{\partial f}{\partial x}(x_0, y_0)$, $b = \dfrac{\partial f}{\partial y}(x_0, y_0)$ だから, (3.26)を得る.

後半の主張(3.27)は, 式(3.26)の形から明らか. ∎

注意 上の例 3.13 では, $D_e f(0, 0) = 2e_1 e_2$ だから, e について線形でない. よって, この関数 f は原点で微分不可能であり, 接平面をもたない.

問9　例3.13 の関数 f の等高線を xy 平面に描け.

一般には例3.13 のようなことも起こるが, 次の定理によって, 通常は安心して(偏微分から)微分を計算してよい.

定理3.15　$f(x,y)$ $(x_1 \leqq x \leqq x_2, \ y_1 \leqq y \leqq y_2)$ が各点で偏微分可能で, 偏導関数 $\dfrac{\partial f}{\partial x}, \ \dfrac{\partial f}{\partial y}$ は連続ならば, f は微分可能で,

$$df = \frac{\partial f}{\partial x}dx + \frac{\partial f}{\partial y}dy. \tag{3.28}$$

[証明]　まず, y_0 を固定して平均値の定理を用いると,

$$f(x,y_0) - f(x_0,y_0) = \frac{\partial f}{\partial x}(\xi,y_0)(x-x_0).$$

また, y についての平均値の定理より,

$$f(x,y) - f(x,y_0) = \frac{\partial f}{\partial y}(x,\eta)(y-y_0).$$

これらを足し合わせ, 変形すると,

$$\frac{f(x,y) - f(x_0,y_0) - \dfrac{\partial f}{\partial x}(x_0,y_0)(x-x_0) - \dfrac{\partial f}{\partial y}(x_0,y_0)(y-y_0)}{\sqrt{(x-x_0)^2+(y-y_0)^2}}$$

$$= \left\{\frac{\partial f}{\partial x}(\xi,y_0) - \frac{\partial f}{\partial x}(x_0,y_0)\right\} \frac{x-x_0}{\sqrt{(x-x_0)^2+(y-y_0)^2}}$$

$$+ \left\{\frac{\partial f}{\partial y}(x,\eta) - \frac{\partial f}{\partial y}(x_0,y_0)\right\} \frac{y-y_0}{\sqrt{(x-x_0)^2+(y-y_0)^2}}$$

$$\to 0 \qquad ((x,y) \to (x_0,y_0) \text{ のとき}).$$

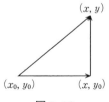

図3.10

この最後の段階に, $\dfrac{\partial f}{\partial x}$, $\dfrac{\partial f}{\partial y}$ が連続であることを用いた.　▮

定義 3.16　関数 f が微分可能で, 偏導関数がすべて連続のとき, f は C^1 級関数であるという. また, 連続関数を C^0 級関数ということがある.　☐

最後に, 微分可能性の定義を見直しておこう. 以下の補題 3.17 は, §3.5 の定理の証明などでは大変便利である.

1 変数のときの定義(3.15)は,

$$f_1(x) = \frac{f(x) - f(x_0)}{x - x_0} \qquad (x \neq x_0)$$

とおくと,

$$\begin{cases} f(x) - f(x_0) = f_1(x)(x - x_0) \text{ と書け,} \\ \lim_{x \to x_0} f_1(x) \text{ が存在する} \end{cases} \tag{3.29}$$

と言いかえることができる. このとき, $f_1(x)$ は x_0 にも依存してきまる.

2 変数関数についても, これを拡張することができる.

補題 3.17　$f(x, y)$ が点 (x_0, y_0) で微分可能であれば,

$$\begin{cases} f(x, y) - f(x_0, y_0) = f_1(x, y)(x - x_0) + f_2(x, y)(y - y_0) \text{ と書け,} \\ \text{極限 } a = \lim_{\substack{x \to x_0 \\ y \to y_0}} f_1(x, y), \ b = \lim_{\substack{x \to x_0 \\ y \to y_0}} f_2(x, y) \text{ が存在する}. \end{cases} \tag{3.30}$$

逆に, (3.30)が成り立てば, f は (x_0, y_0) で微分可能である.　☐

注意　関数 $f_1(x, y)$, $f_2(x, y)$ のとり方は 1 通りではない.

[証明]　逆から示そう. (3.30)が成り立つならば,
$$f(x, y) - f(x_0, y_0) - a(x - x_0) - b(y - y_0)$$
$$= \{f_1(x, y) - a\}(x - x_0) + \{f_2(x, y) - b\}(y - y_0).$$
この右辺は, 簡単のため, $r = \sqrt{(x - x_0)^2 + (y - y_0)^2}$ とおくと,
$$\{|f_1(x, y) - a| + |f_2(x, y) - b|\}r$$
以下だから, $o(r)$ である. よって, f は (x_0, y_0) で微分可能で, $df = a\,dx + b\,dy$ が成り立つ.

さて，f が点 (x_0, y_0) で微分可能で，$df = a\,dx + b\,dy$ のとき，

$$f_1(x,y) = a + \frac{x - x_0}{r} \frac{f(x,y) - f(x_0, y_0) - a(x - x_0) - b(y - y_0)}{r},$$

$$f_2(x,y) = b + \frac{y - y_0}{r} \frac{f(x,y) - f(x_0, y_0) - a(x - x_0) - b(y - y_0)}{r}$$

とおくと，$(x - x_0)^2 + (y - y_0)^2 = r^2$ だから，

$$f(x,y) - f(x_0, y_0) = f_1(x,y)(x - x_0) + f_2(x,y)(y - y_0).$$

また，f の微分可能性から，

$$\lim_{\substack{x \to x_0 \\ y \to y_0}} f_1(x,y) = a, \quad \lim_{\substack{x \to x_0 \\ y \to y_0}} f_2(x,y) = b$$

がわかる．つまり，(3.30) が成り立つ． ∎

例題 3.18 関数 $f(x,y)$ が，$B: |x - x_0|^2 + |y - y_0|^2 \leqq r^2$ で C^1 級のとき，

$$f_1(x,y) = \int_0^1 \frac{\partial f}{\partial x}(x_t, y_t)dt, \quad f_2(x,y) = \int_0^1 \frac{\partial f}{\partial y}(x_t, y_t)dt \quad (3.31)$$

$$(x,y) \in B, \quad x_t = tx + (1-t)x_0, \quad y_t = ty + (1-t)y_0$$

とおくと，次式が成り立つことを示せ．

$$f(x,y) = f(x_0, y_0) + f_1(x,y)(x - x_0) + f_2(x,y)(y - y_0). \quad (3.32)$$

これをアダマールの変形という．

[解] $(x,y) \in B$ として，$\varphi(t) = f(x_t, y_t) \ (0 \leqq t \leqq 1)$ とおくと，$h \to 0$ のとき，

$$\varphi(t+h) - \varphi(t) = f(x_t + h(x - x_0), \, y_t + h(y - y_0)) - f(x_t, y_t)$$

$$= \frac{\partial f}{\partial x}(x_t, y_t)h(x - x_0) + \frac{\partial f}{\partial y}(x_t, y_t)h(y - y_0) + o(h)$$

よって，$\varphi(t)$ は微分可能で，

$$\frac{d\varphi}{dt}(t) = \frac{\partial f}{\partial x}(x_t, y_t)(x - x_0) + \frac{\partial f}{\partial y}(x_t, y_t)(y - y_0)$$

この右辺は t の連続関数だから，$0 \leqq t \leqq 1$ 上で積分できて，

$$\varphi(1) - \varphi(0) = f_1(x,y)(x - x_0) + f_2(x,y)(y - y_0)$$

つまり，(3.32)が成り立つ. ∎

§3.3 臨界点と極大極小

微分可能な関数の極大極小を考えよう. 多変数関数についても，1変数のときと同様に，点 (x_0, y_0) の近くで，

$f(x, y) \geqq f(x_0, y_0)$ が成り立つとき，(x_0, y_0) を**極小点**

$f(x, y) \leqq f(x_0, y_0)$ が成り立つとき，(x_0, y_0) を**極大点**

といい，そのときの値 $f(x_0, y_0)$ をそれぞれ，**極小値，極大値**という. また，極小値，極大値をあわせて**極値**という.

注意 点 (x_0, y_0) の近くで，$(x, y) \neq (x_0, y_0)$ のとき，

$$f(x, y) > f(x_0, y_0)$$

が成り立つとき，(x_0, y_0) を**狭義の極小点**という. これと区別するため，上の意味の極小点を広義の極小点ということがある. 極大点についても同様である.

極小点 (x_0, y_0) で f が微分可能ならば，曲面 $z = f(x, y)$ は点 (x_0, y_0) で接平面をもつ. もしこの接平面が xy 平面に平行でなければ，点 (x_0, y_0) は極小点ではあり得ない. よって，次の定理が得られる.

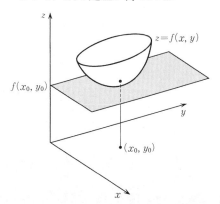

図 3.11 $z = f(x, y)$ の極小点と接平面

定理 3.19 関数 $f(x, y)$ が点 (x_0, y_0) で極小値(または,極大値)をとり,この点で微分可能であれば,

$$(df)(x_0, y_0) = 0, \quad \text{とくに,} \quad \frac{\partial f}{\partial x}(x_0, y_0) = \frac{\partial f}{\partial y}(x_0, y_0) = 0. \quad (3.33)$$
□

注意 (3.33)は次のように導いてもよい.まず,関数 $f(x, y_0)$ を考えると,$x = x_0$ で微分可能で,極小値をとるから,$\frac{\partial f}{\partial x}(x_0, y_0) = 0.$ 同様に,$f(x_0, y)$ を考えると,$\frac{\partial f}{\partial y}(x_0, y_0) = 0.$ したがって,$(df)(x_0, y_0) = 0.$

定義 3.20 微分可能な関数 f に対して,$(df)(x_0, y_0) = 0$ となる点 (x_0, y_0) を f の**臨界点**(critical point)といい,値 $f(x_0, y_0)$ を**臨界値**(critical value)という.
□

例 3.21 $f(x, y) = ax^2 + by^2$ のとき,$df = 2ax\, dx + 2by\, dy$ だから,f の臨界点は次のようになる.

(a) $a \neq 0,\ b \neq 0$ のとき,1 点 $(x, y) = (0, 0)$ のみ

(b) $a \neq 0,\ b = 0$ のとき,直線 $x = 0$ 上のすべての点

(c) $a = 0,\ b \neq 0$ のとき,直線 $y = 0$ 上のすべての点

(d) $a = b = 0$ のとき,平面上のすべての点

また,臨界点 $(0, 0)$ の極大極小は次のようになる.

$$(0, 0) \text{ が狭義の極小点} \quad \Longleftrightarrow \quad a, b > 0$$

$$(0, 0) \text{ が狭義の極大点} \quad \Longleftrightarrow \quad a, b < 0$$

(a)が成り立ち,極大でも極小でもない場合は $ab < 0$ のときで,このときに,f は $(0, 0)$ のどんな近くでも正の値も負の値もとる.このような点を**鞍点**(saddle point)という.

$$(0, 0) \text{ が鞍点} \quad \Longleftrightarrow \quad ab < 0$$
□

1 変数のときと同様に,極大極小を判定するには,2 階の微分を調べる必要がある.

定義 3.22 関数 f が微分可能で,その偏導関数 $\frac{\partial f}{\partial x}, \frac{\partial f}{\partial y}$ も微分可能のと

き, f は 2 回微分可能であるといい, $\dfrac{\partial f}{\partial x}, \dfrac{\partial f}{\partial y}$ の偏導関数

$$\frac{\partial^2 f}{\partial x^2} = \frac{\partial}{\partial x}\Big(\frac{\partial f}{\partial x}\Big), \quad \frac{\partial^2 f}{\partial y \partial x} = \frac{\partial}{\partial y}\Big(\frac{\partial f}{\partial x}\Big),$$

$$\frac{\partial^2 f}{\partial x \partial y} = \frac{\partial}{\partial x}\Big(\frac{\partial f}{\partial y}\Big), \quad \frac{\partial^2 f}{\partial y^2} = \frac{\partial}{\partial y}\Big(\frac{\partial f}{\partial y}\Big) \tag{3.34}$$

を f の 2 階の偏導関数という. また, f の 2 階の偏導関数がすべて連続のとき, f は C^2 級関数であるという. 　　　　□

　例 3.23　$f(x,y) = \dfrac{a}{2}x^2 + bxy + \dfrac{c}{2}y^2$ のとき, $\dfrac{\partial f}{\partial x} = ax + by$, $\dfrac{\partial f}{\partial y} = bx +$
cy より, $\dfrac{\partial^2 f}{\partial x^2} = a$, $\dfrac{\partial^2 f}{\partial y \partial x} = b$, $\dfrac{\partial^2 f}{\partial x \partial y} = b$, $\dfrac{\partial^2 f}{\partial y^2} = c$. 　　　　□

　定理 3.24　f が 2 回微分可能なとき, 2 階の偏導関数について,

$$\frac{\partial^2 f}{\partial x \partial y} = \frac{\partial^2 f}{\partial y \partial x} \tag{3.35}$$

が成り立つ. (つまり, 偏微分の**順序交換**ができる.) 　　　　□

　問 10　次をみたす C^2 級関数 $f(x,y)$ は存在するか.

$$\frac{\partial f}{\partial x} = x^2 - y^2, \quad \frac{\partial f}{\partial y} = 2xy$$

　上の定理 3.24 の証明は本節の最後に与えることにして, 話を先に進めよう. まず, 多変数での平均値の定理を確かめてから, 2 次式による近似を調べよう.

　定理 3.25（平均値の定理）　f が微分可能で, 2 点 (x_0, y_0) と (x,y) を結ぶ線分が f の定義域に含まれているとき,

$$f(x,y) - f(x_0, y_0) = \frac{\partial f}{\partial x}(\xi, \eta)(x - x_0) + \frac{\partial f}{\partial y}(\xi, \eta)(y - y_0) \tag{3.36}$$

となる点 (ξ, η) がこの線分上にとれる.

　[証明]　2 点 (x_0, y_0) と (x,y) を結ぶ線分上で f を考える.

$$\varphi(t) = f(x_t, y_t), \quad x_t = x_0 + t(x - x_0), \quad y_t = y_0 + t(y - y_0) \quad (3.37)$$

とおくと,

$$\varphi'(t) = \frac{\partial f}{\partial x}(x_t, y_t)(x - x_0) + \frac{\partial f}{\partial y}(x_t, y_t)(y - y_0)$$

よって, φ に関しての平均値の定理

$$\varphi(1) - \varphi(0) = \varphi'(\theta) \qquad (0 < \theta < 1)$$

より, $\xi = x_\theta$, $\eta = y_\theta$ として, (3.36)を得る. ∎

系 3.26 (増分の公式) f が微分可能で, 2 点 (x_0, y_0) と (x_1, y_1) を結ぶ線分の上で,

$$\sqrt{\left(\frac{\partial f}{\partial x}\right)^2 + \left(\frac{\partial f}{\partial y}\right)^2} \leqq L \qquad (3.38)$$

ならば,

$$|f(x_1, y_1) - f(x_0, y_0)| \leqq L\sqrt{(x_1 - x_0)^2 + (y_1 - y_0)^2}. \quad (3.39)$$

[証明] 明らか. ∎

定理 3.27 (2 次近似可能性) f が点 (x_0, y_0) の近くで 2 回微分可能ならば, f は次の意味で 2 次近似可能である: $(x, y) \to (x_0, y_0)$ のとき

$$f(x, y) - f(x_0, y_0) - a(x - x_0) - b(y - y_0)$$
$$- \frac{A}{2}(x - x_0)^2 - B(x - x_0)(y - y_0) - \frac{C}{2}(y - y_0)^2$$
$$= o((x - x_0)^2 + (y - y_0)^2). \quad (3.40)$$

ここで,

$$\begin{cases} a = \dfrac{\partial f}{\partial x}(x_0, y_0), \quad b = \dfrac{\partial f}{\partial y}(x_0, y_0), \quad A = \dfrac{\partial^2 f}{\partial x^2}(x_0, y_0), \\[2mm] B = \dfrac{\partial^2 f}{\partial x \partial y}(x_0, y_0) = \dfrac{\partial^2 f}{\partial y \partial x}(x_0, y_0), \quad C = \dfrac{\partial^2 f}{\partial y^2}(x_0, y_0). \end{cases} \quad (3.41)$$
□

注意 (3.40)が成り立てばもちろん, $df = a\,dx + b\,dy$ である. さらに, (3.40)の 2 次の部分を, $d^2 f = \dfrac{1}{2}A(dx)^2 + B\,dxdy + \dfrac{1}{2}C(dy)^2$ と表すことがある.

[証明]　ここでは f を C^2 級と仮定して(3.40)を示す. 平均値の定理の証明のときと同様に, 関数

$$\varphi(t) = f(x_t, y_t), \quad x_t = x_0 + t(x - x_0), \quad y_t = y_0 + t(y - y_0)$$

を考えれば, φ も C^2 級となるから,

$$\varphi'(t) = \frac{\partial f}{\partial x}(x_t, y_t)(x - x_0) + \frac{\partial f}{\partial y}(x_t, y_t)(y - y_0),$$

$$\varphi''(t) = \frac{\partial^2 f}{\partial x^2}(x_t, y_t)(x - x_0)^2 + 2\frac{\partial^2 f}{\partial x \partial y}(x_t, y_t)(x - x_0)(y - y_0)$$

$$+ \frac{\partial^2 f}{\partial y^2}(x_t, y_t)(y - y_0)^2.$$

このとき,

$$\varphi'(0) = a(x - x_0) + b(y - y_0),$$

$$\varphi''(0) = A(x - x_0)^2 + 2B(x - x_0)(y - y_0) + C(y - y_0)^2.$$

したがって,

$$(3.40)の左辺 = \varphi(1) - \varphi(0) - \varphi'(0) - \frac{1}{2}\varphi''(0).$$

よって, 部分積分により, 次のように書ける:

$$(3.40)の左辺 = \int_0^1 (1 - t)\{\varphi''(t) - \varphi''(0)\}dt.$$

この右辺の積分を評価して, $o((x - x_0)^2 + (y - y_0)^2)$ であることを示せば, 証明は完了する.

そのために, 中心 (x_0, y_0), 半径 δ の円板での $\dfrac{\partial^2 f}{\partial x^2}, \dfrac{\partial^2 f}{\partial x \partial y}, \dfrac{\partial^2 f}{\partial y^2}$ の振幅を $\omega(\delta)$ とすれば, $\lim_{\delta \to 0} \omega(\delta) = 0$ で,

$$\left|\frac{\partial^2 f}{\partial x^2} - A\right| \leqq \omega(\delta), \quad \left|\frac{\partial^2 f}{\partial x \partial y} - B\right| \leqq \omega(\delta), \quad \left|\frac{\partial^2 f}{\partial y^2} - C\right| \leqq \omega(\delta)$$

だから, $\varphi''(t) - \varphi''(0)$ の形から, $(x - x_0)^2 + (y - y_0)^2 = \delta^2$ のとき,

$$|\varphi''(t) - \varphi''(0)| \leqq \omega(\delta)\delta^2 \qquad (0 \leqq t \leqq 1).$$

よって,

$$\int_0^1 (1-t)\{\varphi''(t) - \varphi''(0)\}dt \le \omega(\delta)\delta^2 \int_0^1 (1-t)dt \le \omega(\delta)\delta^2 .$$

ゆえに,

$$\lim_{\substack{x \to x_0 \\ y \to y_0}} \frac{(3.40)の左辺}{(x-x_0)^2 + (y-y_0)^2} = \lim_{\substack{x \to x_0 \\ y \to y_0}} \omega(\sqrt{(x-x_0)^2 + (y-y_0)^2}) = 0 .$$ ∎

上の定理 3.27 の(3.40)で, 点 (x_0, y_0) が臨界点のときは,

$$f(x_0 + u, y_0 + v) - f(x_0, y_0)$$
$$= \frac{1}{2}Au^2 + Buv + \frac{1}{2}Cv^2 + o(u^2 + v^2) \quad (u^2 + v^2 \to 0). \quad (3.42)$$

よって, (x_0, y_0) での極大極小は, 2 次式 $\frac{1}{2}Au^2 + Buv + \frac{1}{2}Cv^2$ の性質から, A, C と判別式 $D = B^2 - AC$ の符号を用いて判定される.

(a) (正定値の場合) $(u, v) \ne 0$ のときつねに

$$\frac{1}{2}Au^2 + Buv + \frac{1}{2}Cv^2 > 0$$

が成り立てば, (x_0, y_0) は極小点であり, このための必要十分条件は,

$$A > 0, \quad C > 0, \quad D = B^2 - AC < 0 .$$

(b) (負定値の場合) $(u, v) \ne 0$ のときつねに

$$\frac{1}{2}Au^2 + Buv + \frac{1}{2}Cv^2 < 0$$

が成り立てば, (x_0, y_0) は極大点であり, このための必要十分条件は,

$$A < 0, \quad C < 0, \quad D = B^2 - AC < 0 .$$

(c) (不定値の場合) $(u, v) \ne 0$ のとき

$$\frac{1}{2}Au^2 + Buv + \frac{1}{2}Cv^2$$

が正負両方の値をとるならば, (x_0, y_0) は鞍点であり, このための必要十分条件は,

$$D = B^2 - AC > 0 .$$

(d) その他の場合は, 2 次の項 $\frac{1}{2}Au^2 + Buv + \frac{1}{2}Cv^2$ だけの情報では, 極大極小は判定不能である.

最後に定理 3.24 の証明を与えて, この節を終わろう.

[定理 3.24 の証明]　次の関数 $g(t)$ の 2 通りの変形の極限として, 証明するべき式(3.35)の両辺を導く.

$$g(t) = f(x+t, y+t) - f(x, y+t) - f(x+t, y) + f(x, y).$$

（1）　$g(t) = \{f(x+t, y+t) - f(x, y+t)\} - \{f(x+t, y) - f(x, y)\}$

と変形し, y について平均値の定理を用いると,

$$g(t) = \left\{ \frac{\partial f}{\partial y}(x+t, y+\theta_1 t) - \frac{\partial f}{\partial y}(x, y+\theta_1 t) \right\} \{(y+t) - y\} \quad (0 < \theta_1 < 1).$$

ところで, $\dfrac{\partial f}{\partial y}$ は微分可能だから, §3.2 の補題 3.17 より,

$$\frac{\partial f}{\partial y}(x+t, y+s) - \frac{\partial f}{\partial y}(x, y) = \alpha(t, s)t + \beta(t, s)s,$$

$$\lim_{t, s \to 0} \alpha(t, s) = \frac{\partial^2 f}{\partial x \partial y}(x, y), \quad \lim_{t, s \to 0} \beta(t, s) = \frac{\partial^2 f}{\partial y^2}(x, y)$$

と書ける. よって,

$$g(t) = t\left\{ \frac{\partial f}{\partial y}(x+t, y+\theta_1 t) - \frac{\partial f}{\partial y}(x, y+\theta_1 t) \right\}$$

$$= t\{(\alpha(t, \theta_1 t)t + \beta(t, \theta_1 t)\theta_1 t) - \beta(0, \theta_1 t)\theta_1 t\}$$

$$= \alpha(t, \theta_1 t)t^2 + \{\beta(t, \theta_1 t) - \beta(0, \theta_1 t)\}\theta_1 t^2.$$

ゆえに,

$$\lim_{t \to 0} \frac{g(t)}{t^2} = \lim_{t \to 0} \alpha(t, \theta_1 t) = \frac{\partial^2 f}{\partial x \partial y}(x, y).$$

（2）　$g(t) = \{f(x+t, y+t) - f(x+t, y)\} - \{f(x, y+t) - f(x, y)\}$

と変形して, x について平均値の定理を用いてから, 同じような計算をすれば,

$$\lim_{t \to 0} \frac{g(t)}{t^2} = \frac{\partial^2 f}{\partial y \partial x}(x, y).$$

以上から, （3.35）が得られる. ∎

注意 3.28　もし, $\dfrac{\partial^2 f}{\partial x \partial y} = \dfrac{\partial^2 f}{\partial y \partial x}$ が連続であれば, より強く,

$$\lim_{h,k \to 0} \frac{1}{hk} \{f(x+h,y+k) - f(x+h,y) - f(x,y+k) + f(x,y)\}$$

$$= \frac{\partial^2 f}{\partial x \partial y}(x,y) = \frac{\partial^2 f}{\partial y \partial x}(x,y) \tag{3.43}$$

が成り立つ.（証明のためには，平均値の定理を2回適用するだけでよい.）この(3.43)は，2階の差分と2階の微分との関係を与えている.

§3.4 2次形式の標準形と対称行列の対角化

2変数の場合と同様に，n 変数関数 $f(x)$, $x = (x_1, x_2, \cdots, x_n)$ についても，f が2回微分可能なとき，次の行列は対称行列で，点 x_0 での f の**ヘッセ**(Hesse)**行列**という.

$$\mathrm{Hess}_f(x) = \begin{bmatrix} \dfrac{\partial^2 f}{\partial x_1^2}(x) & \dfrac{\partial^2 f}{\partial x_1 \partial x_2}(x) & \cdots & \dfrac{\partial^2 f}{\partial x_1 \partial x_n}(x) \\[2mm] \dfrac{\partial^2 f}{\partial x_2 \partial x_1}(x) & \dfrac{\partial^2 f}{\partial x_2^2}(x) & \cdots & \dfrac{\partial^2 f}{\partial x_2 \partial x_n}(x) \\[2mm] \vdots & \vdots & \ddots & \vdots \\[2mm] \dfrac{\partial^2 f}{\partial x_n \partial x_1}(x) & \dfrac{\partial^2 f}{\partial x_n \partial x_2}(x) & \cdots & \dfrac{\partial^2 f}{\partial x_n^2}(x) \end{bmatrix} \tag{3.44}$$

前節の定理 3.27 の後の分類は次のように拡張できる.

定理 3.29　点 $x_0 = (x_{01}, x_{02}, \cdots, x_{0n})$ が n 変数関数 $f(x)$ の臨界点，つまり，$df(x_0) = 0$ のとき，次のことが成り立つ:

（ i ）　$\mathrm{Hess}_f(x_0)$ が正定値行列ならば，x_0 は極小点である.

（ ii ）　$\mathrm{Hess}_f(x_0)$ が負定値行列ならば，x_0 は極大点である.

（iii）　$\mathrm{Hess}_f(x_0)$ が不定値行列ならば，x_0 は鞍点である. 　　□

注意 3.30　一般に，実正方行列 $A = (a_{ij})_{1 \le i,j \le n}$ が**対称行列**，つまり，$a_{ij} = a_{ji}$ のとき，A が**正定値**（または**負定値**）行列であるとは，

$$Q(x) = \langle Ax, x \rangle = \sum_{i=1}^{n} \sum_{j=1}^{n} a_{ij} x_i x_j, \quad x = (x_1, x_2, \cdots, x_n) \in \mathbb{R}^n \tag{3.45}$$

とおくと，次式が成り立つことをいう.

$$x = (x_1, x_2, \cdots, x_n) \neq 0 \quad \Longrightarrow \quad Q(x) > 0 \ (\text{または} < 0). \quad (3.46)$$

また, $x \neq 0$ のとき, つねに $dQ(x) \neq 0$ で, かつ, $Q(x)$ の値が正にも負にもなるとき, 実対称行列 A は不定(値)という.

なお, 上の $Q(x)$ を行列 A の2次形式といい, また, A を2次形式 $Q(x)$ の行列という. (2次形式とは, $x_1, x_2, \cdots, x_n$ についての2次の斉次式のことである.)

また, 正負の定値でも不定でもないときには,

$$x \neq 0 \ \text{で}, \ dQ(x) = 0 \ \text{となる} \ \mathbb{R}^n \ \text{の元} \ x \ \text{が存在する}. \quad (3.47)$$

このとき, 行列 A (あるいは, 2次形式 $Q(x)$)は退化しているといい, そうでない場合は非退化であるという.

$A = (a_{ij})_{i,j=1,2,\cdots,n}$ を実対称行列として, 球面

$$S = \{x \in \mathbb{R}^n \mid x = (x_1, x_2, \cdots, x_n), \ x_1^2 + x_2^2 + \cdots + x_n^2 = 1\}$$

上で, 2次形式

$$Q(x) = \langle Ax, x \rangle = \sum_{i=1}^{n} \sum_{j=1}^{n} a_{ij} x_i y_j \qquad (x \in S) \qquad (3.48)$$

を考えると, S は $\mathbb{R}^n$ の有界閉集合で, $Q(x)$ は連続だから, 最大値の定理が成り立ち,

$$\max_{x \in S} Q(x) = Q(x^*) \qquad\qquad (3.49)$$

をみたす S の点 x^* が存在する.

S の上に制限すると, $Q(x)$ の臨界点は考えにくいので, 直接に調べてみよう.

x^* と直交する単位ベクトル e をとると, $t \in \mathbb{R}$ のとき,

$$\|x^* + te\|^2 = \|x^*\|^2 + 2\langle x^*, te \rangle + \|te\|^2 = 1 + t^2$$

だから,

$$x = \frac{1}{\sqrt{1+t^2}} (x^* + te) \in S.$$

このとき,

$$Q(x) = \frac{1}{1+t^2} Q(x^* + te) = \frac{1}{1+t^2} \langle A(x^* + te), x^* + te \rangle$$

$$= \frac{1}{1+t^2} \{ \langle Ax^*, x^* \rangle + t \langle Ax^*, e \rangle + t \langle x^*, Ae \rangle + t^2 \langle Ae, e \rangle \}$$

$$= \frac{1}{1+t^2} \{ Q(x^*) + 2t \langle Ax^*, e \rangle + t^2 Q(e) \} \leqq Q(x^*).$$

分母を払って整理すると,

$$2t \langle Ax^*, e \rangle \leqq t^2 \{ Q(x^*) - Q(e) \}.$$

ここで, t は任意だから,

$$\langle Ax^*, e \rangle = 0.$$

ベクトル e の選び方も, x^* と直交する限り, 任意だから,

$$\langle x^*, e \rangle = 0 \implies \langle Ax^*, e \rangle = 0.$$

したがって, ある定数 α に対して,

$$Ax^* = \alpha x^* \tag{3.50}$$

が成り立つはずである. ところで, このとき,

$$Q(x^*) = \langle Ax^*, x^* \rangle = \langle \alpha x^*, x^* \rangle = \alpha.$$

　一般に, 行列 A に対して, (3.50)の成り立つとき, x^* を A の**固有ベクトル**, α を**固有値**という. したがって, $\alpha = Q(x^*) = \max_{x \in S} Q(x)$ は A の固有値で, 関数 $Q(x)$ の最大点 x^* は A の固有ベクトルであることがわかった.

　上とまったく同様な議論を,

$$S_2 = \{ x \in S \mid x \perp x^* \}$$

に適用すると, $Q(x)$ の S_2 上での最大点 x^{**} も A の固有ベクトルで, そのときの固有値が $\max_{x \in S_2} Q(x)$ であることがわかる.

　この議論を繰り返すと, $\mathbb{R}^n$ で互いに直交する単位ベクトルはちょうど n 個あるから, 次のことがいえる.

定理 3.31 A が実 n 次対称行列のとき, 次の性質をもつ単位ベクトル $x^{(1)}, x^{(2)}, \cdots, x^{(n)}$ と実数 $\alpha_1 \geqq \alpha_2 \geqq \cdots \geqq \alpha_n$ が存在する[*4].

（ i ） $x^{(1)}, x^{(2)}, \cdots, x^{(n)}$ は互いに直交する: $\langle x^{(i)}, x^{(j)} \rangle = 0 \ (i \neq j)$

（ ii ） $Ax^{(i)} = \alpha_i x^{(i)} \ (i = 1, 2, \cdots, n)$, つまり, α_i は固有値で, $x^{(i)}$ は固有

[*4] (iii)をレイリー(Rayleigh)の原理という.

ベクトル.

(iii)　　$\alpha_i = \max\{\langle Ax, x\rangle \ ;\ \|x\| = 1,\ \langle x^{(j)}, x\rangle = 0\ (j < i)\}$

$\qquad\quad = \max\left\{\dfrac{\langle Ax, x\rangle}{\|x\|^2}\ ;\ x \neq 0,\ \langle x^{(j)}, x\rangle = 0\ (j < i)\right\}$　　　　□

系 3.32　2 次形式

$$Q(x) = \sum_{i=1}^n \sum_{j=1}^n a_{ij} x_i x_j, \quad x = (x_1, x_2, \cdots, x_n)$$

は適当な直交変換 $u = Px$ を施すと，次の形に書ける.

$$Q(x) = \alpha_1 u_1^2 + \alpha_2 u_2^2 + \cdots + \alpha_n u_n^2 \tag{3.51}$$

$$\alpha_1 \geqq \alpha_2 \geqq \cdots \geqq \alpha_n$$

これを 2 次形式の**標準形**という.　　　　　　　　　　　　　　　　　　□

　　注意　実行列 $P = (p_{ij})$ に対して，つねに $\|Px\| = \|x\|$ が成り立つとき，P は**直交行列**であるといい，変換 $u = Px$ を**直交変換**であるという. 容易にわかるように，P の転置行列を ${}^tP = (p_{ji})$ とすると，

$\qquad\quad P$ が直交行列　$\Longleftrightarrow$　${}^tPP = E$　$\Longleftrightarrow$　$P\,{}^tP = E$

$\qquad\qquad\qquad\qquad\quad \Longleftrightarrow$　$P^{-1} = {}^tP$　　　　（E は単位行列）

　　[証明]　$x \in \mathbb{R}^n$ を，定理 3.31 で作った固有ベクトル $x^{(1)}, x^{(2)}, \cdots, x^{(n)}$ により，

$$x = u_1 x^{(1)} + u_2 x^{(2)} + \cdots + u_n x^{(n)}$$

の形に書くと，$\langle x^{(i)}, x^{(j)}\rangle = 0\ (i \neq j)$，$\langle x^{(i)}, x^{(i)}\rangle = 1$ だから，

$$u_i = \langle x, x^{(i)}\rangle \qquad (i = 1, 2, \cdots, n) \tag{3.52}$$

この (3.52) により変換 $u = Px$ を定めると，

$$\|u\|^2 = \sum_{i=1}^n \langle x, x^{(i)}\rangle^2 = \|x\|^2$$

だから，これは直交変換である. そして，このとき，

$$Q(x) = \left\langle A \sum_{i=1}^n u_i x^{(i)}, \sum_{j=1}^n u_j x^{(j)} \right\rangle$$

$$= \sum_{i=1}^{n} \sum_{j=1}^{n} u_i u_j \langle A x^{(i)}, x^{(j)} \rangle = \sum_{i=1}^{n} \alpha_i u_i^2 . \qquad ■$$

系 3.33（対称行列の対角化可能性）　n 次対称行列 $A = (a_{ij})_{i,j=1,2,\cdots,n}$ は，適当な直交行列 P をとると，次の形に書ける：

$$A = {}^t P D P, \quad \text{あるいは,} \quad P A \, {}^t P = D.$$

ただし，D は対角行列

$$\begin{bmatrix} \alpha_1 & & & \text{\Large 0} \\ & \alpha_2 & & \\ & & \ddots & \\ \text{\Large 0} & & & \alpha_n \end{bmatrix}$$

である.

[証明]　系 3.32 の証明で，固有ベクトル $x^{(i)}$ の第 j 成分を p_{ij} とおけば，

$$u_i = \langle x, x^{(i)} \rangle = \sum_{j=1}^{n} p_{ij} x_j, \quad x = (x_1, x_2, \cdots, x_n)$$

そこで，$P = (p_{ij})_{i,j=1,2,\cdots,n}$ とすれば，P は直交行列であり，$u = Px$ のとき，$x = {}^t P u$ だから，

$$A \, {}^t P u = A x = A \sum_{i=1}^{n} u_i x^{(i)} = \sum_{i=1}^{n} \alpha_i u_i x^{(i)}$$
$$= {}^t P (Du)$$

ゆえに，$A \, {}^t P = {}^t P D$. よって，$P A \, {}^t P = D$, $A = {}^t P D P$. 　■

最後に，$n = 2$ のときと同様に，関数 $y = Q(x)$ のグラフの形を分類してみよう.

関数 $Q(x)$ を標準形に直して，

$$Q(x) = \alpha_1 u_1^2 + \alpha_2 u_2^2 + \cdots + \alpha_n u_n^2$$

としておけば，その形は，

$$\alpha_i > 0 \text{ となる } i \text{ の個数 } \quad p$$
$$\alpha_i = 0 \text{ となる } i \text{ の個数 } \quad z$$
$$\alpha_i < 0 \text{ となる } i \text{ の個数 } \quad n - p - z$$

によってきまる. (これらを $Q(x)$ の**指数**という[*5].)

とくに, Q に対応する対称行列 A の行列式が

$$\det A = \alpha_1 \alpha_2 \cdots \alpha_n \neq 0$$

をみたすときは, $z = 0$ だから, p または $n-p-z$ によってグラフの形がきまる.

　注意3.34　変換 $u = Px$ において, P を直交行列に限定しなければ, 2次形式 $Q(x)$ の標準形(**シルベスター**(Sylvester)**の標準形**という)は,

$$Q(x) = \varepsilon_1 x_1^2 + \varepsilon_2 x_2^2 + \cdots + \varepsilon_n x_n^2$$

$$\varepsilon_i = 1\ (i = 1, \cdots, p);\ = 0\ (i = p+1, \cdots, p+z);\ = -1\ (i = p+z+1, \cdots, n)$$

の形になる. このことを**シルベスターの慣性法則**という. つまり, $Q(x)$ のグラフの形は, そのシルベスターの標準形によってきまる.

　なお, P を一般の行列にしたので, $Q(x)$ の指数は, 2次式 $Q(x)$ を次のように平方完成すればわかる.

　例3.35　$Q(x) = x_1^2 + 2x_1 x_2 + x_2^2 + 2x_2 x_3 + x_3^2$ のとき,

$$Q(x) = (x_1 + x_2)^2 + (x_3 + x_2)^2 - x_2^2$$

したがって, $p = 2,\ z = 0,\ n-p-z = 1.$　　　　　　　　　　　　□

　問11　上の $Q(x)$ の直交変換による標準形 $\alpha_1 u_1^2 + \alpha_2 u_2^2 + \alpha_3 u_3^2$ を求め, 指数が $2, 0, 1$ となることを確かめよ.

《まとめ》

　3.1　多変数関数の微分, 2次微分の意味, 極大極小の判定, 2次形式の標準形と対称行列の対角化.

　3.2　主な用語, 事項

放物面, 楕円面, 双曲面, 2変数関数の微分, 微分可能, 接平面, 偏微分可能, 方向微分, アダマールの変形, 極大極小, 極大点・極小点, 臨界点(値), 偏微分

───────────
[*5]　$n-p-z$ を2次形式 Q の**モース指数**という.

の交換，2 次近似可能性，極大極小の判定，ヘッセ行列，正(負)定値，不定，直交行列，2 次形式の標準形，対称行列の対角化，モース指数，シルベスターの標準形.

──────── 演習問題 ────────

3.1 $a > b > c > 0$ のとき，点 $(x_0, y_0, z_0) \in \mathbb{R}^3$ を通り，

$$\frac{x^2}{a-\lambda} + \frac{y^2}{b-\lambda} + \frac{z^2}{c-\lambda} = 1 \qquad (\lambda \in \mathbb{R})$$

の形の 2 次曲面は 3 つあることを示し，それぞれ，どのような 2 次曲面かを述べよ．ただし，$(x_0, y_0, z_0) \neq (0, 0, 0)$ とする.

3.2

$$f(x, y) = \begin{cases} xy \sin \dfrac{1}{\sqrt{x^2 + y^2}} & (x, y) \neq (0, 0) \\ 0 & (x, y) = (0, 0) \end{cases}$$

のとき，曲面 $z = f(x, y)$ の概形を描け．また，$(x, y) = (0, 0)$ において，f は微分可能であるが，偏導関数 $\dfrac{\partial f}{\partial x}, \dfrac{\partial f}{\partial y}$ は連続でないことを示せ.

3.3 次の関数 $f(x, y)$ の極値をすべて求めよ.

(1) $f(x, y) = xy(x^2 + y^2 - 1)$

(2) $f(x, y) = x^2 - 2xy + y^2 + y^3$

3.4 C^3 級関数 $u(x, t)$ に対して，もし

$$\frac{\partial^2 \psi}{\partial x^2} = u\psi, \qquad \frac{\partial \psi}{\partial t} = \frac{\partial^3 \psi}{\partial x^3} + u \frac{\partial \psi}{\partial x} - 2 \frac{\partial u}{\partial x} \psi$$

をみたす 0 でない C^3 級関数 $\psi(x, t)$ が存在するならば，

$$\frac{\partial u}{\partial t} - 6u \frac{\partial u}{\partial x} + \frac{\partial^3 u}{\partial x^3} = 0$$

が成り立つことを示せ.

3.5 次の 2 次形式の標準形と指数を求めよ.

(1) $(x^2 + y^2) \cosh a + 2xy \sinh a$

(2) $(x - y)^2 + (y - z)^2 - 2(x - z)^2$

4

多変数の微分法と
その応用

2変数の場合を中心に，多変数関数について，1変数の場合を拡張した微分法を展開し，また，多変数の場合に特有な，陰関数定理と逆関数定理を扱う．最後に，曲線全体の形状を追跡する方法を学ぶ．

なお，ここで考える陰関数や逆関数はすべて局所的なもの(ある点の近くだけで定義されるもの)である．

§4.1　合成関数の微分とテイラーの定理

§3.2 の補題 3.17 によれば，n 変数関数 $y = f(x)$ が点 x_0 で微分可能であることと，次のことは同値であった：

$$\begin{cases} f(x) - f(x_0) = \sum_{i=1}^{n} f_i(x)(x_i - x_{0i}) \text{ と書け，} \\ \lim_{x \to x_0} f_i(x) \text{ が存在する．} \end{cases} \tag{4.1}$$

このとき，もちろん，$\displaystyle \lim_{x \to x_0} f_i(x) = \frac{\partial f}{\partial x_i}(x_0)$ である．

これを利用して，合成関数

$$h(u) = f(g(u)), \quad g(u) = (g_1(u), g_2(u), \cdots, g_n(u)) \tag{4.2}$$

の微分を調べてみよう．ここで，$g_i(u)$ $(1 \leqq i \leqq n)$ は m 変数関数で，点 u_0 で微分可能で，

$$x_0 = g(u_0) = (g_1(u_0), g_2(u_0), \cdots, g_n(u_0))$$

とする．このとき，(4.1)と同様に，g_i についても，

$$g_i(u) - g_i(u_0) = \sum_{j=1}^{m} g_{ij}(u)(u_j - u_{0j})$$

$$\lim_{u \to u_0} g_{ij}(u) = \frac{\partial g_i}{\partial u_j}(u_0)$$

(4.3)

が成り立つから，(4.1)で $x_i = g_i(u)$ として(4.3)を代入すると，

$$h(u) - h(u_0) = f(g(u)) - f(g(u_0))$$

$$= \sum_{i=1}^{n} \sum_{j=1}^{m} f_i(g(u))g_{ij}(u)(u_j - u_{0j}).$$

つまり，$h_j(u) = \sum_{i=1}^{n} f_i(g(u))g_{ij}(u)$ とおくと，

$$\begin{cases} h(u) - h(u_0) = \sum_{j=1}^{m} h_j(u)(u_j - u_{0j}) \text{ と書け，} \\ \lim_{u \to u_0} h_j(u) = \sum_{i=1}^{n} \frac{\partial f}{\partial x_i}(g(u_0))\frac{\partial g_i}{\partial u_j}(u_0). \end{cases}$$

(4.4)

よって，次のことが言える．

定理 4.1　n 変数関数 $f(x)$ と m 変数関数 $g_i(u)$ $(i=1,2,\cdots,n)$ が微分可能なとき，合成関数 $h(u) = f(g_1(u), g_2(u), \cdots, g_n(u))$ も微分可能で，

$$\frac{\partial h}{\partial u_j}(u) = \sum_{i=1}^{n} \frac{\partial f}{\partial x_i}(g(u))\frac{\partial g_i}{\partial u_j}(u) \qquad (j = 1, 2, \cdots, m) \quad (4.5)$$

が成り立つ．

式(4.5)を**連鎖律**(chain rule)という．　　　　　　　　　　　　　□

例 4.2　平面上の関数 $z = f(x, y)$ を極座標 (r, θ) で表すと，$x = r\cos\theta$, $y = r\sin\theta$ だから，

$$z = h(r, \theta) = f(r\cos\theta, r\sin\theta).$$

このとき，

$$\frac{\partial x}{\partial r} = \cos\theta, \quad \frac{\partial y}{\partial r} = \sin\theta, \quad \frac{\partial x}{\partial \theta} = -r\sin\theta, \quad \frac{\partial y}{\partial \theta} = r\cos\theta$$

より，

$$\begin{cases} \dfrac{\partial h}{\partial r} = \dfrac{\partial}{\partial r} f(r\cos\theta,\, r\sin\theta) = \dfrac{\partial f}{\partial x}\cos\theta + \dfrac{\partial f}{\partial y}\sin\theta, \\[3mm] \dfrac{\partial h}{\partial \theta} = \dfrac{\partial}{\partial \theta} f(r\cos\theta,\, r\sin\theta) = \dfrac{\partial f}{\partial x}(-r\sin\theta) + \dfrac{\partial f}{\partial y}\cdot r\cos\theta. \end{cases} \tag{4.6}$$

□

注意 4.3　(4.6)を次のように表すことも多い:

$$\frac{\partial z}{\partial r} = \frac{\partial z}{\partial x}\cos\theta + \frac{\partial z}{\partial y}\sin\theta,$$

$$\frac{\partial z}{\partial \theta} = -\frac{\partial z}{\partial x} r\sin\theta + \frac{\partial z}{\partial y} r\cos\theta.$$

上の(4.6)を $\dfrac{\partial f}{\partial x},\ \dfrac{\partial f}{\partial y}$ についての連立方程式とみて解くと,

$$\begin{cases} \dfrac{\partial f}{\partial x} = \dfrac{\partial h}{\partial r}\cos\theta - \dfrac{\partial h}{\partial \theta}\dfrac{\sin\theta}{r}, \\[3mm] \dfrac{\partial f}{\partial y} = \dfrac{\partial h}{\partial r}\sin\theta + \dfrac{\partial h}{\partial \theta}\dfrac{\cos\theta}{r}. \end{cases} \tag{4.7}$$

問 1　$r = \sqrt{x^2+y^2},\ \theta = \arctan\dfrac{y}{x}$ より, (4.7)を直接確かめよ.

問 2　n 変数関数 $u(x)$ が 2 回微分可能なとき,

$$\Delta u(x) = \sum_{i=1}^{n} \frac{\partial^2 u}{\partial x_i^2}(x)$$

と書く. $u(x) = f(r),\ r = \sqrt{x_1^2 + x_2^2 + \cdots + x_n^2}$ のとき,

$$\Delta u(x) = f''(r) + \frac{n-1}{r} f'(r)$$

が成り立つことを示せ. (Δu はラプラシアン u と読む.)

注意 4.4　n 変数関数 $f(x)$ の微分はベクトル記法を用いて,

$$df = f'dx$$

と表すことができる. ここで,

$$f' = \left(\frac{\partial f}{\partial x_1}, \frac{\partial f}{\partial x_2}, \cdots, \frac{\partial f}{\partial x_n} \right), \quad dx = \begin{pmatrix} dx_1 \\ dx_2 \\ \vdots \\ dx_n \end{pmatrix}.$$

この記法を用いると，合成関数 $h = f \circ g$ の微分の公式(4.5)は，
$$dh = d(f \circ g) = (f' \circ g)g'du$$
と表すことができる．ただし，

$$g' = \begin{pmatrix} \dfrac{\partial g_1}{\partial u_1} & \dfrac{\partial g_1}{\partial u_2} & \cdots & \dfrac{\partial g_1}{\partial u_m} \\ \vdots & \vdots & & \vdots \\ \dfrac{\partial g_n}{\partial u_1} & \dfrac{\partial g_n}{\partial u_2} & \cdots & \dfrac{\partial g_n}{\partial u_m} \end{pmatrix}, \quad du = \begin{pmatrix} du_1 \\ du_2 \\ \vdots \\ du_m \end{pmatrix}.$$

例4.5 n 変数関数 $f(x)$ を点 x で e 方向に微分すると，

$$D_e f(x) = \frac{d}{dt} f(x+te) \mid_{t=0} = \sum_{i=1}^n \frac{\partial f}{\partial x_i}(x)e_i. \tag{4.8}$$

注意4.6 第 i 変数に関する偏微分を D_i で表すと，(4.8)は，

$$D_e = \sum_{i=1}^n e_i D_i, \quad e = (e_1, e_2, \cdots, e_n) \tag{4.9}$$

と書くことができる．（この記法を用いると，変数を入れ替えたときなどに紛れがない．例えば，2変数の場合でも，$\frac{\partial f}{\partial x}(y,x)$ よりも，$D_1 f(y,x)$ の方が誤解を避けられる．）

問3 波動方程式

$$\frac{\partial^2 u}{\partial t^2}(x,t) = c^2 \frac{\partial^2 u}{\partial x^2}(x,t) \tag{4.10}$$

は，上の記法を用いると，
$$D_2^2 u(x,t) = c^2 D_1^2 u(x,t),$$
また，u が C^2 級ならば，
$$(cD_1 + D_2)(-cD_1 + D_2)u = 0$$

と表されることを示せ. さらに, $\xi = x + ct$, $\eta = x - ct$ とおくと,

$$\frac{\partial^2 u}{\partial \xi \partial \eta} = 0$$

と表されることを示し, これを利用して, (4.10)の C^2 級の解 $u(x, t)$ で,

$$u(x, 0) = f(x), \quad \frac{\partial u}{\partial t}(x, 0) = g(x) \tag{4.11}$$

をみたすものは, 次のように表されることを導け:

$$u(x, t) = \frac{1}{2}\{f(x + ct) + f(x - ct)\} + \frac{1}{2c}\int_{x - ct}^{x + ct} g(y)dy. \tag{4.12}$$

合成関数の微分の公式(連鎖律)を繰り返し用いれば, 高階の微分を調べることができる.

定理 4.7 (n 変数関数のテイラーの多項式近似定理) n 変数関数 $f(x)$ が点 $x_0 = (x_{01}, x_{02}, \cdots, x_{0n})$ の近傍(以下, $\|x - x_0\| < \delta$ とする)で定義されて, r 回微分可能ならば,

$$f(x_0 + h) = f(x_0) + \sum_{i=1}^{n} \frac{\partial f}{\partial x_i}(x_0)h_i + \frac{1}{2}\sum_{i=1}^{n}\sum_{j=1}^{n} \frac{\partial^2 f}{\partial x_i \partial x_j}(x_0)h_i h_j$$

$$+ \frac{1}{3!}\sum_{i=1}^{n}\sum_{j=1}^{n}\sum_{k=1}^{n} \frac{\partial^3 f}{\partial x_i \partial x_j \partial x_k}(x_0)h_i h_j h_k$$

$$+ \cdots\cdots$$

$$+ \frac{1}{r!}\sum_{i_1=1}^{n}\sum_{i_2=1}^{n}\cdots\sum_{i_r=1}^{n} \frac{\partial^r f}{\partial x_{i_1} \partial x_{i_2}\cdots\partial x_{i_r}}(x_0)h_{i_1} h_{i_2}\cdots h_{i_r}$$

$$+ o(\|h\|^r). \tag{4.13}$$

ここでもちろん, $\|h\|$ はベクトル $h = (h_i)_{i=1, 2, \cdots, n}$ の長さで

$$\|h\| = \sqrt{h_1^2 + h_2^2 + \cdots + h_n^2}.$$

[証明] 1 変数 t の関数 $\varphi(t) = f(x_0 + th)$ を考えれば

$$\varphi'(t) = \sum_{i=1}^{n} \frac{\partial f}{\partial x_i}(x_0 + th)h_i,$$

$$\varphi''(t) = \sum_{i=1}^{n}\sum_{j=1}^{n} \frac{\partial^2 f}{\partial x_i \partial x_j}(x_0 + th)h_i h_j.$$

一般に，$p \leqq r$ のとき，

$$\varphi^{(p)}(t) = \sum_{i_1=1}^{n} \sum_{i_2=1}^{n} \cdots \sum_{i_p=1}^{n} \frac{\partial^p f}{\partial x_{i_1} \partial x_{i_2} \cdots \partial x_{i_p}}(x_0+th)h_{i_1}h_{i_2}\cdots h_{i_p}\,.$$

したがって，$\varphi(t)$ に対するテイラーの多項式近似定理

$$\varphi(t) = \varphi(0) + \varphi'(0)t + \frac{1}{2!}\varphi''(0)t^2 + \cdots + \frac{1}{(r-1)!}\varphi^{(r-1)}(0)t^{r-1} + \frac{1}{r!}\varphi^{(r)}(\theta t)t^r$$

$$(0 < \theta < 1)$$

において，$t=1$ とおけば，定理を得る． ∎

注意 4.8　偏微分の記号 D_i を用いれば，(4.13)を次のように簡潔に表すことができる．

$$f(x_0+h) = f(x_0) + \sum_{k=1}^{r} \frac{1}{k!}(h_1 D_1 + h_2 D_2 + \cdots + h_n D_n)^k f(x_0) + o(\|h\|^r).$$

§4.2　最大最小

§2.3 の定理 2.36 で述べたように，$\mathbb{R}^n$ の有界閉集合 D の上で定義された連続関数 f は最大値と最小値をもつ．この節では，f が D の内部で微分可能な場合に，最大最小問題を考える．

まず，1変数の場合を復習しよう．

例 4.9　$f(x) = x^2 + 2ax \ (-1 \leqq x \leqq 1)$ の最大点, 最小点は下の表のようになる(図 4.1 参照)． □

	$a < -1$	$-1 \leqq a < 0$	$a = 0$	$0 < a \leqq 1$	$a > 1$
最大点		-1	± 1	1	
最小点	1		$-a$		-1

例 4.10　$f(x) = a_0 + a_1 x + a_2 x^2 + \cdots + a_p x^p$ が，原点 $(0,0)$ を狭義の極大点 [極小点] としてもつための必要十分条件は，ある偶数 $2m \ (1 \leqq 2m \leqq p)$ に対して，

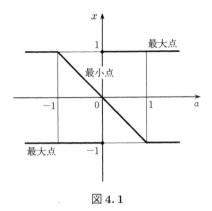

図 4.1

$$a_1 = a_2 = \cdots = a_{2m-1} = 0, \quad a_{2m} > 0 \; [a_{2m} < 0]$$

である（図 4.2(a)）. とくに, ある奇数 $2m-1$ ($1 \leq 2m-1 \leq p$) に対して,

$$a_1 = a_2 = \cdots = a_{2m-2} = 0, \quad a_{2m-1} \neq 0$$

ならば, 原点 $(0,0)$ は臨界点ではあっても, 広義の極大点でも, 広義の極小点でもあり得ない（図 4.2(b)）. ⬜

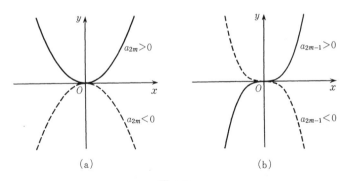

図 4.2

例 4.9 からわかる通り, 微分可能な関数 f の最大最小を調べるためには, その定義域の内部での臨界点と同時に, 定義域の"端"での f の値を調べる必要がある. そのためのことばを整理しておく.

定義 4.11 $\mathbb{R}^n$ の部分集合 D に対して, D に含まれる点列の極限でもあ

り，補集合 D^c に含まれる点列の極限でもある点を D の**境界点**といい，D の境界点全体のつくる集合を D の**境界**といって，∂D で表す．つまり，

$$\partial D = \{z \in \mathbb{R}^n \mid D \text{ のある点列 } \{x_k\} \text{ に対して } z = \lim_{k \to \infty} x_k$$

$$\text{かつ，} D^c \text{ のある点列 } \{y_k\} \text{ に対して } z = \lim_{k \to \infty} y_k\}. $$

$$(4.14) \quad \square$$

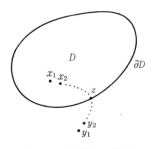

図 4.3　境界点と境界

注意 4.12　上の定義より，$\partial(D^c) = \partial D$ が成り立つ．

定義 4.13　$\mathbb{R}^n$ の部分集合 D からその境界 ∂D を除いた集合を D の**内部**(interior)といい，$\mathrm{int}\, D$ または $\overset{\circ}{D}$ と書く．また，D と ∂D の和集合を D の**閉包**(closure)といい，$\overline{D}$ または $\mathrm{cl}\, D$ で表す．つまり，

$$\overline{D} = D \cup \partial D, \quad \mathrm{int}\, D = D \backslash \partial D \ (= D \cap (\partial D)^c). \qquad (4.15) \quad \square$$

例 4.14　開区間と閉区間．

$$\mathrm{int}[a,b] = \mathrm{int}[a,b) = (a,b), \quad \overline{[a,b)} = \overline{(a,b)} = [a,b]. \qquad \square$$

例 4.15　$f, g : [a,b] \to \mathbb{R}$ が連続で，$f(x) < g(x) \ (a \leqq x < b)$ のとき，$D = \{(x,y) \in \mathbb{R}^2 \mid a \leqq x \leqq b, \ f(x) \leqq y \leqq g(x)\}$ について，

$$\partial D = \{(x, f(x)) \mid a \leqq x \leqq b\} \cup \{(x, g(x)) \mid a \leqq x \leqq b\}$$

$$\cup \{(a, y) \mid f(a) \leqq y \leqq g(a)\} \cup \{(b, y) \mid f(b) \leqq y \leqq g(b)\}$$

$$\overline{D} = D$$

$$\mathrm{int}\, D = \{(x, y) \in \mathbb{R}^2 \mid a < x < b, \ f(x) < y < g(x)\}. \qquad \square$$

例 4.16　$D = \{(x, y) \mid 0 \leqq x, y \leqq 1, \ x, y \in \mathbb{Q}\}$ のとき,

$$\overline{D} = \partial D = [0, 1] \times [0, 1] = \{(x, y) \mid 0 \leqq x, y \leqq 1\}$$

$$\text{int } D = \emptyset. \qquad \qquad \square$$

問 4　次のことを示せ.

(1)　$\text{int}(D^c) = (\overline{D})^c$　　(2)　$\overline{(D^c)} = (\text{int } D)^c$

注意 4.17　D の内部の点(略して, 内点) x は, D^c の点列の極限点にはなり得ないから,

"十分小さな正数 ε を選べば, x を中心として半径 ε の球 $\{y \in \mathbb{R}^n; \ \|y - x\| \leqq \varepsilon\}$ は $\text{int } D$ に含まれる"

つまり, $\text{int } D$ は開集合である. また, D 自身が開集合であれば, $D = \text{int } D$. よって, 次のことがいえる.

$$D \text{ が開集合} \iff \text{int } D = D. \qquad (4.16)$$

なお, D の内部は, D に含まれる最大の開集合と定義することもできる.

注意 4.18　D の閉包 $\overline{D}$ について, $\overline{D} = (\text{int}(D^c))^c$ だから, $\overline{D}$ は閉集合である. また, D 自身が閉集合ならば, $\overline{D} = D$. よって次のことがいえる.

$$D \text{ が閉集合} \iff \overline{D} = D. \qquad (4.17)$$

また, $\overline{D} = D \cup \partial D$, $\text{int } D = D \setminus \partial D$ より,

$$\overline{D} = \text{int } D \cup \partial D. \qquad (4.18)$$

定理 4.19　D を $\mathbb{R}^n$ の有界閉集合, $f: D \to \mathbb{R}$ が連続で, D の内部 $\text{int } D$ で f が微分可能なとき, f の最大点, 最小点はそれぞれ存在し, 次のどちらかをみたす.

(a)　D の内点であり, f の臨界点

(b)　D の境界の点

[証明]　最大点および最小点の存在は定理 2.36 で示した. ところで, $\overline{D} = \text{int } D \cup \partial D$ だから, (b)が成立しなければ, この点は D の内部 $\text{int } D$ の点であり, $\text{int } D$ で f が微分可能だから, この点で $df = 0$ が成り立つ. ∎

例 4.20 $f(x,y)=x^2+2ax+y^2$ $(-1\leqq x,y\leqq 1)$ の最小点・最小値.

(a) $|a|\leqq 1$ のときに,最小点は定義域 $D=\{(x,y)\,|-1\leqq x,y\leqq 1\}$ の内部の点 $(-a,0)$ で,最小値は $-a^2$.

(b) $|a|>1$ のときに,最小点は D の境界の点 $(-\mathrm{sgn}\,a,0)$ で,最小値は $1-2|a|$. ☐

問 5 $f(x,y)=x^2+2axy+y^2$ $(x^2+y^2\leqq 1)$ の最小値,最大値を求めよ.

例題 4.21 $f(x,y)=x^3+y^3-3xy$ $(-1/2\leqq x,\,y\leqq 3/2)$ の最小値と最大値を求めよ.

[解]

$$\frac{\partial f}{\partial x}=3x^2-3y,\quad \frac{\partial^2 f}{\partial x^2}=6x,\quad \frac{\partial^2 f}{\partial y\partial x}=-3,$$

$$\frac{\partial f}{\partial y}=3y^2-3x,\quad \frac{\partial^2 f}{\partial x\partial y}=-3,\quad \frac{\partial^2 f}{\partial y^2}=6y.$$

よって,$x^2-y=0$,$y^2-x=0$ を解くと,臨界点は $(0,0)$ および $(1,1)$ で,ヘッセ行列はそれぞれ

$$\begin{pmatrix} 0 & -3 \\ -3 & 0 \end{pmatrix},\quad \begin{pmatrix} 6 & -3 \\ -3 & 6 \end{pmatrix}$$

で,p.83 の判定法によって,

$$(0,0)\text{ は鞍点で, }f(0,0)=0,$$

$$(1,1)\text{ は極小点で, }f(1,1)=-1.$$

次に,$f_1(x)=f\left(x,-\dfrac{1}{2}\right)=x^3+\dfrac{3}{2}x-\dfrac{1}{8}$ は単調増大だから,$y=-\dfrac{1}{2}$ および $x=-\dfrac{1}{2}$ 上での最小値は $f\left(-\dfrac{1}{2},-\dfrac{1}{2}\right)=-1$,最大値は $f\left(\dfrac{3}{2},-\dfrac{1}{2}\right)=\dfrac{11}{2}$ である.

さらに,$f_2(x)=f\left(x,\dfrac{3}{2}\right)=x^3-\dfrac{9}{2}x+\dfrac{27}{8}$ を調べてみると,$y=\dfrac{3}{2}$ および $x=\dfrac{3}{2}$ 上での最小値は $f\left(\sqrt{\dfrac{3}{2}},\dfrac{3}{2}\right)=\dfrac{3}{2}\left(\dfrac{9}{4}-\sqrt{6}\right)\fallingdotseq -0.3$,最大値は

$f\left(-\dfrac{1}{2},\dfrac{3}{2}\right)=\dfrac{11}{2}$ である[1].

したがって，求める最大値は $f\left(-\dfrac{1}{2},\dfrac{3}{2}\right)=f\left(\dfrac{3}{2},-\dfrac{1}{2}\right)=\dfrac{11}{2}$, 最小値は

$f\left(-\dfrac{1}{2},-\dfrac{1}{2}\right)=f(1,1)=-1.$　∎

例題 4.22　$p_1\geqq 0,\ p_2\geqq 0,\ p_3\geqq 0,\ p_1+p_2+p_3=1$ のとき，

$$F(p_1,p_2,p_3)=-\sum_{i=1}^{3}p_i\log p_i+\sum_{i=1}^{3}p_iu_i$$

の最大値を求めよ．ただし，$u_1,u_2,u_3\in\mathbb{R}$，また，$p=0$ のとき，$p\log p=0$ と約束する．

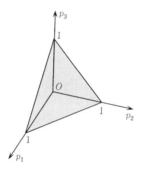

図 4.4

[解]
$$D=\{(p_1,p_2)\mid p_1\geqq 0,\ p_2\geqq 0,\ p_1+p_2\leqq 1\}$$

$$f(p_1,p_2)=F(p_1,p_2,p_3)\quad\text{ただし，}\ p_3=1-p_1-p_2$$

とおくと，D は有界閉集合で，$\displaystyle\lim_{p\to 0}p\log p=0$ だから，f は D 上で連続である．また，f を D の内部

$$\operatorname{int}D=\{(p_1,p_2)\mid p_1>0,\ p_2>0,\ p_1+p_2<1\}$$

に制限すれば，微分可能である．よって，上の定理 4.19 の条件がすべて成り立つ．

---

[1]　$f(3/2,3/2)=0.$

まず, f の int D での臨界点を求めよう.

$$df = \sum_{i=1}^{2} (-\log p_i - 1 + u_i + \log(1 - p_1 - p_2) + 1 - u_3)dp_i$$

だから, $df = 0$ となるのは,

$$p_i = e^{u_i - u_3}(1 - p_1 - p_2).$$

よって,

$$p_i = \frac{e^{u_i}}{\sum_{j=1}^{3} e^{u_j}} \qquad (i = 1, 2, 3).$$

この点は,

$$d^2f = -\sum_{i=1}^{2} \left(\frac{1}{p_i} + \frac{1}{1 - p_1 - p_2} \right)(dp_i)^2 - \frac{2}{1 - p_1 - p_2}dp_1 dp_2$$

より, 極大点で,

$$f(p_1, p_2) = F(p_1, p_2, p_3) = \sum_{i=1}^{3} p_i(-\log p_i + u_i) = \log\left(\sum_{i=1}^{3} e^{u_i} \right).$$

これが, int D から得られる最大値の候補である.

次に, f の境界 ∂D 上での値を調べよう. ∂D は3つの開線分

$$\{(p_1, p_2) \mid p_1 = 0,\ p_2 > 0,\ p_3 > 0\}, \quad \{(p_1, p_2) \mid p_1 > 0,\ p_2 = 0,\ p_3 > 0\},$$

$$\{(p_1, p_2) \mid p_1 > 0,\ p_2 > 0,\ p_3 = 0\} \quad ただし,\ p_3 = 1 - p_1 - p_2$$

と3点 $(1, 0), (0, 1), (0, 0)$ からなるから, それぞれの値を調べればよい.

上の3つの開線分の上では, 上と同様の議論から, それぞれから得られる最大値の候補は,

$$\log(e^{u_2} + e^{u_3}), \quad \log(e^{u_1} + e^{u_3}), \quad \log(e^{u_1} + e^{u_2})$$

であり, どれも $\log(e^{u_1} + e^{u_2} + e^{u_3})$ より小さい. 上の3点での値はさらに小さい. ゆえに, 求める最大値は $\log\left(\sum_{i=1}^{3} e^{u_i} \right)$. ∎

注意 4.23 上の例の証明だけならば, 対数関数の凸性からの帰結

$$\log x \leqq x - 1 \qquad (等号が成立するのは x = 1 のみ)$$

を利用すると, 次のように簡単にできる.

$$-\sum_{i=1}^{n} p_i \log p_i + \sum_{i=1}^{n} p_i u_i = \sum_{i=1}^{n} p_i \log \left(\frac{e^{u_i}/Z}{p_i} \right) + \log Z$$

$$\leqq \sum_{i=1}^{n} p_i \left(\frac{e^{u_i}/Z}{p_i} - 1 \right) + \log Z = \log Z$$

ただし, $Z = \sum_{i=1}^{n} e^{u_i}$. (上の不等式は p_i の中に 0 に等しいものがあっても正しいことを確認せよ.) なお, 例題 4.21 は平衡統計力学のギブズ(Gibbs)の変分原理の最も簡単な場合と考えることができる.

問 6 3 辺の長さが a, b, c の 3 角形の面積 A は,
$$A = \sqrt{s(s-a)(s-b)(s-c)} \quad ただし, \quad s = (a+b+c)/2$$
で与えられる(ヘロン(Heron)の公式). 3 辺の長さの和が与えられたとき, 面積最大の 3 角形を, 次の 2 通りの方法で求めよ.

(a) 定理 4.19 を用いる.

(b) 相加平均と相乗平均の間の次の関係を用いる:
$$\sqrt[n]{a_1 a_2 \cdots a_n} \leqq \frac{a_1 + a_2 + \cdots + a_n}{n}.$$

なお, 関数の極大極小を, 与えられた束縛条件のもとで求める方法としては, §4.3 の最後に述べるラグランジュの未定乗数法が有用である.

§4.3 陰関数定理と逆関数定理

関数 $f(x, y)$ が与えられて, 条件 $f(x, y) = c$ により, 関数 $y = \varphi(x)$ が定まるとき, この関数を方程式 $f(x, y) = c$ から定まる**陰関数**(implicit function)という.

多くの場合, 点 (x_0, y_0) を与えて, $c = f(x_0, y_0)$ として, $\varphi(x_0) = y_0$ をみたす陰関数を求める必要がある.

例 4.24
$$f(x, y) = x^2 + y^2 - a^2 = 0 \qquad (a > 0)$$

$|x_0| < a$ ならば，$y_0 = \pm\sqrt{a^2 - x_0^2}$ に応じて，陰関数
$$y = \pm\sqrt{a^2 - x^2} \qquad (\text{複号同順})$$
がただ1つ定まる．

しかし，$x_0 = \pm a$ のときには，2つの陰関数
$$y = \sqrt{a^2 - x^2}, \quad y = -\sqrt{a^2 - x^2} \qquad (x \geqq a)$$
がある[*2]．　　　　　　　　　　　　　　　　　　　　　　　□

例 4.25
$$f(x, y) = y^2 - x^2(x + a) = 0 \qquad (a \in \mathbb{R})$$
この方程式が解をもつのは，$x^2(x+a) \geqq 0$ のとき，つまり，$x = 0$ または $x \geqq -a$ のときである．$x = 0$ のときは $y = 0$ であり，$x \geqq -a$ のときは，$y = \pm x\sqrt{x+a}$ だから，$x_0 \neq 0, -a$ ならば，y_0 の符号に応じて，陰関数がただ1つ定まる．

$x_0 = -a$ のとき，$y_0 = 0$ で，陰関数は $x \geqq -a$ の側でのみ定まり2つある．

$a > 0$ で $x_0 = 0$ のとき，陰関数は2つ定まり，$(x_0, y_0) = (0, 0)$ における接線の傾きはそれぞれ $\pm\sqrt{a}$ である．

$a < 0$ で $x_0 = 0$ のとき，$y_0 = 0$ とすると $f(x_0, y_0) = 0$ であるが，$\pm x\sqrt{x+a}$ は x_0 の近くで定義されない．したがって，点 (x_0, y_0) は孤立していて，その近くでは陰関数は存在しない．　　　　　　　　　　　　　　□

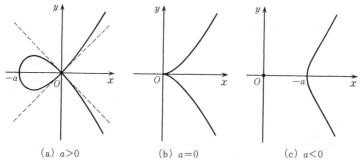

(a) $a > 0$ 　　　　　(b) $a = 0$ 　　　　　(c) $a < 0$

図 4.5　$y^2 - x^2(x + a) = 0$

[*2]　このとき，陰関数は1つだが2価で，2つの分枝をもつと表現してもよい．

以上の例から，陰関数について次のような場合のあることがわかる.

(a)　$y_0 = \varphi(x_0)$ をみたす陰関数 $y = \varphi(x)$ がただ 1 つある.

(b)　このような陰関数が複数存在する.（ただし，定義域は片側に制限されることも，されないこともある.）

(c)　陰関数は存在しない.

以下，$f(x, y)$ は C^1 級であると仮定して，(a)が成り立つための条件を求めよう.

上の例 4.24, 4.25 では，(b), (c)の場合を調べてみると，

$$\frac{\partial f}{\partial y}(x_0, y_0) = 0 \tag{4.19}$$

が成り立っていることがわかる.（確かめてみよ！）

一般に，(b)の場合，(4.19)が成り立つ. 実際，$y_0 = \varphi_i(x_0)$ をみたし，連続な陰関数 $\varphi_i(x)$ $(i = 1, 2)$ があり，$\varphi_1(x) < \varphi_2(x)$ と仮定すると，

$$f(x, \varphi_2(x)) = f(x, \varphi_1(x)).$$

ところで，ロルの定理から，

$$\frac{\partial f}{\partial y}(x, \psi(x)) = 0, \quad \varphi_1(x) < \psi(x) < \varphi_2(x)$$

をみたす $\psi(x)$ がある. ここで，$x \to x_0$ とすると，$\varphi_i(x) \to \varphi_i(x_0) = y_0$ だから，$\psi(x) \to y_0$. よって，(4.19)を得る.

(c)の場合は，曲面 $z = f(x, y)$ の等高線 $f(x, y) = 0$ 上に点 (x_0, y_0) があるが，この近くで他には等高線上の点がないときである. このようなことが起こるのは，点 (x_0, y_0) が関数 $f(x, y)$ の極大点または極小点のときに限る. よって，どちらの場合も，$(df)(x_0, y_0) = 0$. ゆえに，(4.19)だけでなく，$\frac{\partial f}{\partial x}(x_0, y_0) = 0$ も成り立つ場合である.

以上から(4.19)が成り立たないときが，(a)の場合であると予想される.

定理 4.26（陰関数定理）　$\mathbb{R}^2$ の点 (x_0, y_0) の近くで定義されている関数 f が C^1 級で，

$$\frac{\partial f}{\partial y}(x_0, y_0) \neq 0 \tag{4.20}$$

をみたすとき，$x=x_0$ の十分近くで，条件

$$f(x, \varphi(x)) = c, \quad y_0 = \varphi(x_0) \qquad (c = f(x_0, y_0)) \tag{4.21}$$

をみたす C^1 級関数 $\varphi(x)$ がただ 1 つ存在する．さらに，

$$\varphi'(x) = -\frac{\dfrac{\partial f}{\partial x}(x, \varphi(x))}{\dfrac{\partial f}{\partial y}(x, \varphi(x))}. \tag{4.22}$$

□

　この定理の証明は，いく通りか知られているが，ここでは計算しなくてすむ証明を与える．

　まず，条件(4.20)の意味を考えよう．この(4.20)より，点 (x_0, y_0) の十分近くでは，（はっきりさせるために，$|x-x_0| \le \varepsilon$, $|y-y_0| \le \varepsilon$ $(\varepsilon > 0)$ の範囲とする．）

$$\frac{\partial f}{\partial y}(x, y) \neq 0 \qquad (|x-x_0| \le \varepsilon,\ |y-y_0| \le \varepsilon) \tag{4.20'}$$

が成り立つ．よって，x をとめて，$f_x(y) = f(x, y)$ とおくと，$|x-x_0| \le r$ で f_x は単調増大，または，単調減少である．

　補題 4.27　仮定(4.20)のもとでは，正数 ε を十分小さく選んでおくと，$|x-x_0| \le \varepsilon$ のとき，

$$I_x = \{f(x, y);\ |y - y_0| < \varepsilon\}$$

は空でない開区間であり，$f_x = f(x, \cdot)$ は開区間 $(y_0 - \varepsilon, y_0 + \varepsilon)$ から I_x の上への全単射である．

　[証明]　上に述べたことから，正数 ε を十分小さくとれば，(4.20') が成り立つ．したがって，f_x は区間 $(y_0 - \varepsilon, y_0 + \varepsilon)$ 上で単調であり，f_x が単調増大のとき，

$$I_x = (f_x(y - \varepsilon), f_x(y + \varepsilon))$$

となり，単調減少のときは，$I_x = (f_x(y + \varepsilon), f_x(y - \varepsilon))$ となる．いずれにしても，f_x は 1 対 1 である．また，中間値の定理によって，$z \in I_x$ に対して，必ず $f_x(y) = z$ となる y があるから，f_x は I_x の上への写像である． ∎

　[定理 4.26 の証明]　補題 4.27 を用いる．まず，$f_{x_0}(y_0) = f(x_0, y_0) = c$ より，開区間 I_{x_0} は c を含む．よって，

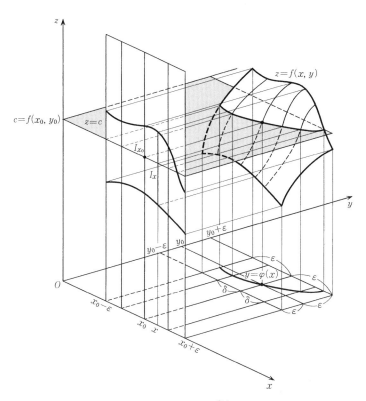

図 4.6 陰関数の存在と一意性. $\dfrac{\partial f}{\partial y}(x_0, y_0) > 0$ の場合.

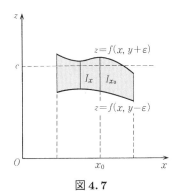

図 4.7

$$f_{x_0}(y_0 - \varepsilon) \lesseqgtr c \lesseqgtr f_{x_0}(y_0 + \varepsilon) \qquad (複号同順)$$

したがって，f の連続性から，$0 < \delta \leqq \varepsilon$ を十分小さく選べば，$|x - x_0| \leqq \delta$ のとき，

$$f(x, y_0 - \varepsilon) \lesseqgtr c \lesseqgtr f(x, y_0 + \varepsilon) \qquad (複号同順)$$

つまり，開区間 I_x も c を含む．

ところで，$f_x: (y_0 - \varepsilon,\, y_0 + \varepsilon) \to I_x$ は全単射だから，$f_x(y) = c$ となる y が区間 $(y_0 - \varepsilon,\, y_0 + \varepsilon)$ 内にただ 1 つ存在する．この値 y を $\varphi(x)$ とおくと，$|y_0 - \varphi(x)| < \varepsilon$，つまり，

$$|\varphi(x) - \varphi(x_0)| < \varepsilon \tag{4.23}$$

が成り立つ．

以上から，$\varphi: [x_0 - \delta,\, x_0 + \delta] \to [y_0 - \varepsilon,\, y_0 + \varepsilon]$ は

$$f(x, \varphi(x)) = c$$

をみたす．また，どんなに ε を小さく選び直しても，正数 δ がとれて，(4.23) が成り立つから，

$$\lim_{x \to x_0} \varphi(x) = y_0 = \varphi(x_0)$$

つまり，x_0 で φ は連続である．

さて，f は C^1 級だから，平均値の定理より，

$$f(x_0 + h,\, y_0 + k) - f(x_0, y_0)$$
$$= \frac{\partial f}{\partial x}(x_0 + \theta h,\, y_0 + \theta k)h + \frac{\partial f}{\partial y}(x_0 + \theta h,\, y_0 + \theta k)k \quad (0 < \theta < 1)$$

である．とくに，$h = x - x_0$，$k = \varphi(x) - \varphi(x_0)$ とおいて，$|x - x_0| \leqq \delta$ のとき，$\dfrac{\partial f}{\partial y}(x_0 + \theta h,\, y_0 + \theta k) \neq 0$ が成り立つことに注意すると，$f(x_0 + h,\, y_0 + k) - f(x_0, y_0) = 0$ より，

$$\frac{\varphi(x) - \varphi(x_0)}{x - x_0} = -\frac{\dfrac{\partial f}{\partial x}(x_0 + \theta h,\, y_0 + \theta k)}{\dfrac{\partial f}{\partial y}(x_0 + \theta h,\, y_0 + \theta k)}$$

$x \to x_0$ のとき，$h \to 0$，$k = \varphi(x) - \varphi(x_0) \to 0$ で，$0 < \theta < 1$ だから，この右辺は収束する．つまり，φ は $x = x_0$ で微分可能であって，

$$\varphi'(x_0) = -\frac{\dfrac{\partial f}{\partial x}(x_0, y_0)}{\dfrac{\partial f}{\partial y}(x_0, y_0)}$$

が成り立つ.

上の議論は, (x_0, y_0) の近くの点に対しても, $\dfrac{\partial f}{\partial y} \neq 0$ である限り成り立つから, 陰関数 $y = \varphi(x)$ は x_0 の近くで一意的である. よって, $|x - x_0| \leqq \delta$ をみたす各点 x で, φ は微分可能であり (4.21), (4.22) が成り立つから, (4.22) より φ は C^1 級である. ∎

少し長い証明であったが, 上の証明を見直すと, 以下のことも分かる.

(a) (4.20) が成り立つとき, (x_1, y_1) が (x_0, y_0) に十分に近ければ, $x = x_1$ の近くで,
$$f(x, \varphi_1(x)) = c_1, \quad \varphi(x_1) = y_1 \qquad (c_1 = f(x_1, y_1))$$
をみたす C^1 級関数 $\varphi_1(x)$ がただ 1 つ存在する.

(b) $f(x, y, z)$ が C^1 級関数で,
$$\frac{\partial f}{\partial z}(x_0, y_0, z_0) \neq 0 \qquad\qquad (4.20'')$$
のとき, (x_1, y_1, z_1) が (x_0, y_0, z_0) に十分近ければ, (x_1 を固定して, (a) を適用すると) $y = y_1$ の近くで
$$f(x_1, y, \theta_1(y)) = c_1, \quad \theta_1(y_1) = z_1 \qquad (c_1 = f(x_1, y_1, z_1))$$
をみたす C^1 級関数 $\theta_1(y)$ がただ 1 つ存在して,
$$\theta_1'(y) = -\frac{\partial f}{\partial y}(x_1, y, \theta_1(y)) \Big/ \frac{\partial f}{\partial z}(x_1, y, \theta_1(y))$$
が成り立つ. このとき, $\theta(x_1, y) = \theta_1(y)$ とおくと, $\theta(x, y)$ は $(x, y) = (x_0, y_0)$ の近くで定義され,
$$f(x, y, \theta(x, y)) = c, \quad \theta(x, y_1) = z_1 \qquad (c = f(x, y_1, z_1)) \quad (4.21')$$
をみたすただ 1 つの連続関数となり, それゆえ, C^1 級関数で,
$$\frac{\partial \theta}{\partial y}(x, y) = -\frac{\partial f}{\partial y}(x, y, \theta(x, y)) \Big/ \frac{\partial f}{\partial z}(x, y, \theta(x, y)) \qquad (4.22')$$
が成り立つ.

　上のことから，帰納的に，一般の場合の陰関数定理を証明することができるが，ここではその中でも簡単な場合を述べよう．

定理 4.28

（ i ）　$f(x,y,z), g(x,y,z)$ が C^1 級関数で，

$$\det \begin{bmatrix} \dfrac{\partial f}{\partial y}(x_0,y_0,z_0) & \dfrac{\partial f}{\partial z}(x_0,y_0,z_0) \\[2mm] \dfrac{\partial g}{\partial y}(x_0,y_0,z_0) & \dfrac{\partial g}{\partial z}(x_0,y_0,z_0) \end{bmatrix} \neq 0 \qquad (4.24)$$

のとき，$x=x_0$ の近くで，

$$\begin{cases} f(x,\varphi(x),\psi(x)) = a, & \varphi(x_0)=y_0 \quad (a=f(x_0,y_0,z_0)) \\ g(x,\varphi(x),\psi(x)) = b, & \psi(x_0)=z_0 \quad (b=g(x_0,y_0,z_0)) \end{cases} \qquad (4.25)$$

をみたす C^1 級関数の組 $(\varphi(x),\psi(x))$ がただ1つ存在する．

（ ii ）　$f(x,y,u,v), g(x,y,u,v)$ が C^1 級関数で，

$$\det \begin{bmatrix} \dfrac{\partial f}{\partial u}(x_0,y_0,u_0,v_0) & \dfrac{\partial f}{\partial v}(x_0,y_0,u_0,v_0) \\[2mm] \dfrac{\partial g}{\partial u}(x_0,y_0,u_0,v_0) & \dfrac{\partial g}{\partial v}(x_0,y_0,u_0,v_0) \end{bmatrix} \neq 0$$

のとき，$(x,y)=(x_0,y_0)$ の近くで，

$$\begin{cases} f(x,y,\varphi(x,y),\psi(x,y)) = a, & \varphi(x_0,y_0)=u_0 \quad (a=f(x_0,y_0,u_0,v_0)) \\ g(x,y,\varphi(x,y),\psi(x,y)) = b, & \psi(x_0,y_0)=v_0 \quad (b=g(x_0,y_0,u_0,v_0)) \end{cases}$$

をみたす C^1 級関数の組 $(\varphi(x,y),\psi(x,y))$ がただ1つ存在する．

　［証明］ (i) (4.24)より，(4.20″)または $\dfrac{\partial g}{\partial z}(x_0,y_0,z_0)\neq 0$ が成り立つ．(4.20″)が成り立つとすれば，上の(b)より，

$$f(x,y,\theta(x,y)) = c, \quad \theta(x,y_0)=z_0 \quad (c=f(x,y_0,z_0)) \quad (4.26)$$

をみたす C^1 級関数 $\theta(x,y)$ が存在する．

　このとき，$\widetilde{f}(x,y)=g(x,y,\theta(x,y))$ を考えると，

$$\frac{\partial \widetilde{f}}{\partial y} = \frac{\partial g}{\partial y} + \frac{\partial g}{\partial z}\frac{\partial \theta}{\partial y} = \frac{\partial g}{\partial y} - \frac{\partial g}{\partial z}\frac{\partial f}{\partial y}\Big/\frac{\partial f}{\partial z}$$

だから，仮定(4.24)より，$\dfrac{\partial \widetilde{f}}{\partial y}(x_0,y_0)\neq 0$. よって，定理4.26より，

$$\widetilde{f}(x,\varphi(x)) = c, \quad \varphi(x_0) = y_0 \qquad (c = \widetilde{f}(x_0,y_0))$$

をみたす C^1 級関数 $\varphi(x)$ が存在する.

このとき，$\psi(x) = \theta(x,\varphi(x))$ とおくと，$\varphi(x_0)=y_0$ で，

$$g(x,\varphi(x),\psi(x)) = b, \quad \psi(x_0) = z_0 \qquad (b = g(x_0,y_0,z_0))$$

が成り立つ. また，(4.26)より，

$$f(x,\varphi(x),\psi(x)) = a \qquad (a = f(x_0,y_0,z_0)).$$

ゆえに，(4.25)が示された.

(ii)は，上の(b)を4変数のときに拡張して組み合わせれば示される. ∎

最後に，逆関数定理の2変数版について考えてみよう.

平面上での変換

$$\begin{cases} u = f(x,y), & u_0 = f(x_0,y_0) \\ v = g(x,y), & v_0 = g(x_0,y_0) \end{cases} \tag{4.27}$$

が与えられたとき，これから，

$$\begin{cases} x = \varphi(u,v), & x_0 = \varphi(u_0,v_0) \\ y = \psi(u,v), & y_0 = \psi(u_0,v_0) \end{cases} \tag{4.28}$$

をみたす関数 φ,ψ があれば，これらは上の変換の逆変換を与える.

f,g は C^1 級関数として，

$$F(u,v,x,y) = u - f(x,y)$$
$$G(u,v,x,y) = v - g(x,y) \tag{4.29}$$

とおくと，上の問題は，

$$F(u,v,x,y) = 0, \quad G(u,v,x,y) = 0 \tag{4.30}$$

から，陰関数

$$x = \varphi(u,v), \quad y = \psi(u,v)$$

を求める問題になっている.

　したがって, C^1 級関数 φ, ψ が (u_0, v_0) の近くでただ 1 つ存在するための
十分条件は,

$$
\det \begin{bmatrix} \dfrac{\partial F}{\partial x}(u_0, v_0, x_0, y_0) & \dfrac{\partial F}{\partial y}(u_0, v_0, x_0, y_0) \\[3mm] \dfrac{\partial G}{\partial x}(u_0, v_0, x_0, y_0) & \dfrac{\partial G}{\partial y}(u_0, v_0, x_0, y_0) \end{bmatrix} \neq 0
$$

つまり, ヤコビ行列

$$
\begin{bmatrix} \dfrac{\partial f}{\partial x}(x_0, y_0) & \dfrac{\partial f}{\partial y}(x_0, y_0) \\[3mm] \dfrac{\partial g}{\partial x}(x_0, y_0) & \dfrac{\partial g}{\partial y}(x_0, y_0) \end{bmatrix} \text{が可逆} \tag{4.31}
$$

という条件である.（ヤコビ行列式が 0 でないと言い換えてもよい.）

　以上を定理の形でまとめると, 次のようになる.

　定理4.29　2 変数 x, y から u, v への変数変換 (4.27) が C^1 級で条件 (4.31)
が成り立つならば, 点 (u_0, v_0) の近くで C^1 級の逆変換 (4.28) がただ 1 つ存
在する.　　　　　　　　　　　　　　　　　　　　　　　　　　　　□

　注意4.30　ヤコビ行列が可逆であっても, 全体としては 1 対 1 の逆変換があ
るとは限らない. 例えば,

$$
u = x^2 - y^2, \quad v = 2xy \qquad ((x, y) \neq (0, 0)).
$$

極座標 (r, θ) で見れば,

$$
u = r^2 \cos 2\theta, \quad v = r^2 \sin 2\theta \qquad (r > 0).
$$

この変換は $r > 0$ で 2 対 1 であり, 1 対 1 の逆変換は存在しない.

　上の定理 4.29 も n 変数の場合に次のように拡張される.

　C^1 級の変数変換

$$
u = f(x) \quad \text{つまり,} \ u_i = f_i(x_1, \cdots, x_n) \quad (1 \leqq i \leqq n)
$$

が点 $u_0 = f(x_0)$ の近くでただ 1 つの逆変換

$$
x = \varphi(u) \quad \text{つまり,} \ x_i = \varphi_i(u_1, \cdots, u_n) \quad (1 \leqq i \leqq n)
$$

をもつための十分条件は,

$$J_f(x) = \det\left(\frac{\partial f_i}{\partial x_j}(x_0)\right)_{1\leq i,j\leq n} \neq 0.$$

例 4.31(円筒座標) $\mathbb{R}^3$ で,$x = r\cos\theta,\ y = r\sin\theta,\ z = z$ とする.ただし,$0 \leq \theta < 2\pi$. このとき,

$$\det\frac{\partial(x,y,z)}{\partial(r,\theta,z)} = \det\frac{\partial(x,y)}{\partial(r,\theta)} = r$$

であり,$r = \sqrt{x^2+y^2} > 0$ のとき,この変数変換は 1 対 1 である. $\Box$

問 7 球座標 $x = r\sin\theta\cos\varphi,\ y = r\sin\theta\sin\varphi,\ z = r\cos\theta$ も,$r > 0,\ 0 < \theta < \pi$ のとき,1 対 1 であることを示せ.ただし,$0 \leq \varphi < 2\pi$.

陰関数定理の系として,次の定理が得られる.

定理 4.32 D を $\mathbb{R}^n$ の領域,$f, g_1, g_2, \cdots, g_m$ を D 上で定義された C^1 級関数とする.束縛条件

$$g_j(x) = 0 \qquad (j = 1, 2, \cdots, m) \tag{4.32}$$

のもとで,$f(x)$ が $x = x^*$ において極値をとるならば,

$$(df)(x^*) = \sum_{j=1}^m \lambda_j (dg_j)(x^*) \tag{4.33}$$

となる定数 $\lambda_1, \lambda_2, \cdots, \lambda_m$ が存在する.言い換えれば,

$$\frac{\partial f}{\partial x_i}(x^*) = \sum_{j=1}^m \lambda_j \frac{\partial g_j}{\partial x_i}(x^*) \qquad (i = 1, 2, \cdots, n). \tag{4.34}$$
$\Box$

上の定理を利用して,束縛条件つきの極値問題を解くことができる.これを**ラグランジュの未定乗数法**という.

例 4.33 $f(x) = \sum_{i=1}^n \sum_{j=1}^n a_{ij}x_i x_j$ を,$g(x) = \sum_{i=1}^n x_i^2 - 1 = 0$ のもとで考えると,$m = 1$ であり,

$$\frac{\partial f}{\partial x_i} = 2\sum_{j=1}^n a_{ij}x_j, \quad \frac{\partial g}{\partial x_i} = 2x_i$$

だから，(4.34)より，臨界点 x^* に対して，

$$\sum_{j=1}^{n} a_{ij}x_j^* = \lambda x_i^* \qquad (i = 1, 2, \cdots, n)$$

をみたす定数 λ がある．つまり，x^* は行列 $A = (a_{ij})_{i, j = 1, 2, \cdots, n}$ の固有ベクトルで，λ は固有値であり，

$$\lambda = \sum_{i=1}^{n} \lambda x_i^* \cdot x_i^* = \sum_{i=1}^{n} \sum_{j=1}^{n} a_{ij}x_i^*x_j^* = f(x^*).$$

(§3.4 の式(3.50)参照.)　　　　　　　　　　　　　　　　　　□

例4.34（ギブズ分布）　$p_i \geqq 0$, $\sum_{i=1}^{n} p_i = 1$ のとき，

$$f(p) = H(p) - \sum_{i=1}^{n} p_iu_i, \quad H(p) = - \sum_{i=1}^{n} p_i \log p_i$$

とおく．ただし，$x = 0$ のとき，$x \log x = 0$ とする．このとき，

$$\max_{p} f(p) = \log Z, \quad Z = \sum_{i=1}^{n} e^{-u_i}$$

で，最大点を p^* とすると，

$$p_i^* = \frac{1}{Z}e^{-u_i} \qquad (i = 1, 2, \cdots, n).$$

実際，$g(p) = \sum_{i=1}^{n} p_i - 1$ とすると，(4.33)より，

$$\frac{\partial f}{\partial p_i} = \frac{\partial H}{\partial p_i} - u_i = -\log p_i^* - 1 - u_i = \lambda \frac{\partial g}{\partial p_i} = \lambda$$

つまり，

$$\log p_i^* = -\lambda - 1 - u_i \qquad (i = 1, 2, \cdots, n),$$

$$p_i^* = Ce^{-u_i}, \quad C = e^{-\lambda-1}.$$

$\sum p_i = 1$ だから，$Z = \sum_{i=1}^{n} e^{-u_i}$ とおくと，$C = \frac{1}{Z}$. このとき，

$$f(p) = - \sum_{i=1}^{n} \frac{e^{-u_i}}{Z} \log \frac{e^{-u_i}}{Z} - \sum_{i=1}^{n} \frac{e^{-u_i}}{Z}u_i$$

$$= \sum_{i=1}^{n} \frac{e^{-u_i}}{Z} \log Z = \log Z.$$

　　　　　　　　　　　　　　　　　　　　　　　　　　　　□

問8 $p_i \geqq 0$, $p_i^* \geqq 0$, $\sum\limits_{i=1}^{n} p_i = \sum\limits_{i=1}^{n} p_i^*$ のとき, 不等式

$$\sum_{i=1}^{n} p_i(\log p_i^* - \log p_i) = \sum_{i=1}^{n} p_i \log \frac{p_i^*}{p_i}$$

$$\leqq \sum_{i=1}^{n} p_i \left(\frac{p_i^*}{p_i} - 1 \right) = 0$$

(等号は $p_i = p_i^*$ のときのみ成立)を用いて, 上のことを証明せよ. (ただし, 上の和 $\sum\limits_{i=1}^{n}$ において $p_i = 0$ となる i は除くものと約束する.)

問9 C^2 級の曲面 $f(x, y, z) = 0$ への曲面外の 1 点 (a, b, c) からの距離が, $(x, y, z) = (x^*, y^*, z^*)$ で最小になるとき, この点での法線は, 2 点 (a, b, c) と (x^*, y^*, z^*) を結ぶ直線であることを示せ.

[定理 4.32 の証明] 余分な束縛条件は除外してよいから, 最初から, 行列

$$\left(\frac{\partial g_j}{\partial x_i}(x^*) \right)_{j=1, \cdots, m; i=1, \cdots, n}$$

の階数を m として証明する. このとき, 陰関数定理(定理 4.26)から, x^* 近くでの座標系 $(u_1, u_2, \cdots, u_n)$ として, 次のようなものがとれる:

$$u_j = g_j(x) \qquad (j = 1, 2, \cdots, m).$$

すると, (4.32)のもとで f が極値をとるならば,

$$u_j = 0 \qquad (j = 1, 2, \cdots, m),$$

$$\frac{\partial f}{\partial u_j} = \sum_{i=1}^{n} \frac{\partial f}{\partial x_i} \frac{\partial x_i}{\partial u_j} = 0 \qquad (j = m+1, m+2, \cdots, n).$$

ところで, 行列 $\left(\dfrac{\partial x_i}{\partial u_j} \right)$ の逆行列は $\left(\dfrac{\partial u_j}{\partial x_i} \right)$ だから,

$$\frac{\partial f}{\partial x_i}(x^*) = \sum_{j=1}^{n} \frac{\partial u_j}{\partial x_i} \frac{\partial f}{\partial u_j} = \sum_{j=1}^{m} \frac{\partial u_j}{\partial x_i} \frac{\partial f}{\partial u_j}$$

$$= \sum_{j=1}^{m} \lambda_j \frac{\partial g_j}{\partial x_i}(x^*)$$

ただし, $\lambda_j = \dfrac{\partial f}{\partial u_j}\bigg|_{x=x^*}$ とおいた(これは未知だが定数). ∎

§4.4　曲線の追跡

　曲線の方程式が与えられて，これから曲線の形状全体を調べることを，**曲線の追跡**(curve tracing)という．この節では，方程式 $f(x,y)=0$ で与えられる平面曲線を中心に，代表的な曲線を調べる．

　まず最初に，よく知られた曲線とその方程式を鑑賞しよう．

　例4.35　円の方程式(図4.8)
$$(x-x_0)^2+(y-y_0)^2=a^2. \qquad \Box$$

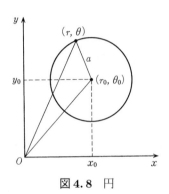

図4.8　円

　一般に，曲線の表示の仕方はいく通りもある．例4.35でも，
$$\begin{cases} x = x_0 + a\cos t \\ y = y_0 + a\sin t \end{cases}$$

と助変数を用いて表示できるし，極座標による方程式
$$r^2+r_0^2-2rr_0\cos(\theta-\theta_0)=a^2 \quad (\text{図}4.8)$$
で表すこともできる．

　問10　$r=2a\cos\theta$ の表す曲線を求めよ．

　例4.36　さまざまな曲線(図4.9).

(a) 星芒形(asteroid)
$$x^{2/3} + y^{2/3} = a^{2/3}$$
$$x = a\cos^3\theta, \quad y = a\sin^3\theta$$

(b) 連珠形(lemniscate)
$$(x^2 + y^2)^2 = a^2(x^2 - y^2)$$
$$r^2 = a^2\cos 2\theta$$

(c) 懸垂線(catenary)
$$y = a\cosh\frac{x}{a} = \frac{1}{2}a(e^{x/a} + e^{-x/a})$$

(d) サイクロイド(cycloid)
$$x = a(t - \sin t), \quad y = a(1 - \cos t)$$

(e) 心臓形(cardioid)
$$r = a(1 + \cos\theta)$$

(f) 葉状形(folium)
$$x^3 - 3axy + y^3 = 0$$

(g) アルキメデス渦線(Archimedes' spiral)
$$r = a\theta$$

(h) トラクトリクス(tractrix)
$$x = a\log\frac{a \pm \sqrt{a^2 - y^2}}{y} \mp \sqrt{a^2 - y^2}$$

(i) リサージュ(Lissajous)曲線
$$x = \sin nt, \quad y = \sin mt \qquad (0 \leqq t \leqq 2\pi)$$

ただし, n, m は整数. □

$f(x, y)$ が 2 変数 x, y の簡単な多項式でも, 3 次以上になると, 方程式 $f(x, y) = 0$ が定める曲線の形状はかなり複雑である.

例 4.37
$$f(x, y) = y^2 - x^2(x + a) = 0 \qquad (a \in \mathbb{R})$$

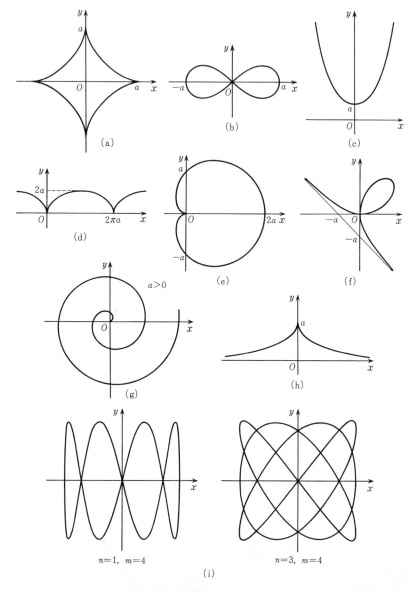

図 **4.9** 例 4.36 のさまざまな曲線

(§4.3 例4.25 参照.) この曲線の存在範囲は, $x^2(x+a) \geqq 0$ より, $x=0$, $x \geqq -a$ で, $x=0$ のときは $y=0$, $x \geqq -a$ のときは, $x=0$ を除いて, 2つの分枝 $y = \pm x\sqrt{x+a}$ からなる(図4.10).

$a>0$ のとき,

$$y' = \pm \frac{3x+2a}{2\sqrt{x+a}}$$

より, $(-a, 0)$ での接線は $x=-a$. また, 原点 $(0,0)$ で2つの分枝は交差し, 2つの接線 $y = \pm\sqrt{a}\,x$ をもつ. この原点のように複数の分枝がそれぞれ別の接線をもつ自己交点を**結節点**(node)という.

$a=0$ のとき, 2つの分枝 $y = \pm x^{3/2}$ $(x \geqq 0)$ は, ともに原点において x 軸に接する. この原点のように複数の, しかし有限個の分枝が共通接線をもつ点を**尖(せん)点**(cusp)という.

$a<0$ のとき, 2つの分枝は $(-a, 0)$ で滑らかにつながり, $(0,0)$ は**孤立点**(isolated point)となる. ☐

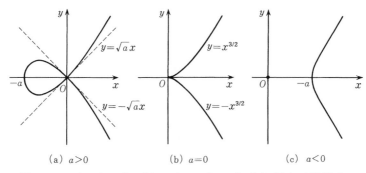

図 4.10 $f(x,y) = y^2 - x^2(x+a) = 0$ $(a \in \mathbb{R})$. (a) 原点は結節点, (b) 原点は尖点, (c) 原点は孤立点.

上の例4.37 の曲線の形状は, むしろ, 曲面 $z = f(x,y)$ の等高線 $z=0$ と見る方が理解しやすいかもしれない(図4.11).

とくに, $f(x,y) = y^2 - g(x)$ の形の場合, 曲面 $z = f(x,y)$ の等高線族 $z=c$ は, 以下のようにして容易に描くことができる.

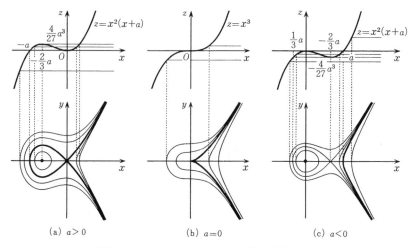

(a) $a>0$　　　　　(b) $a=0$　　　　　(c) $a<0$

図 4.11 $z=y^2-x^2(x+a)$ の等高線族 $z=c$.

（1）　$z=g(x)$ のグラフを描く．このとき，$z=g(x)+c$ のグラフは，この
グラフで，$z=-c$ を x 軸と思えばよい．

（2）　$z=g(x)+c$ のグラフから，$y=\pm\sqrt{g(x)+c}$ のグラフを描く．この
際，次のような対応関係に注意する：

　　（a）　半直線 $z=x\ (x\geqq0)$ ←→ 放物線 $y=\pm\sqrt{x}\ (x\geqq0)$

　　（b）　放物線 $z=x^2$ ←→ 2 直線 $y=\pm x$

　　（c）　$z=x^{2+\alpha}\ (\alpha>0)$ ←→ $y=x^{1+\alpha}\ (\alpha>0)$

上の(a)は，曲線の接線の傾きが原点で ∞ になる．

　また，(b)の場合，原点はこの平面曲線の結節点であり，曲面上では鞍点
である．

　さらに，(c)の場合，原点はこの曲線の尖点となる．

　実際，上の例 4.37 において，原点 $(0,0)$ は関数 f の臨界点であり，ヘッ
セ行列を求めると，

$$\mathrm{Hess}_f(0,0)=\begin{pmatrix}-2a & 0 \\ 0 & 2\end{pmatrix}.$$

この行列は，

$$\begin{cases} a > 0 \text{ のとき, 非退化で不定,} & D > 0 \\ a = 0 \text{ のとき, 退化,} & D = 0 \\ a < 0 \text{ のとき, 非退化で正定値,} & D < 0 \end{cases}$$

となる. ただし, $D = 4a$ (ヘッセ行列の特性方程式の判別式).

例題4.38　平面曲線 $f(x, y) = x^3 + y^3 - 3xy = 0$ を追跡せよ.

[解]　この曲線は原点 $(0, 0)$ を通り, x 軸, y 軸との交点は他にはない. $x \neq 0$ のとき, $y = tx$ とおくと,

$$x^3 + t^3 x^3 - 3tx^2 = 0.$$

よって, 次の有理関数による助変数(parameter, 径数)表示を得る.

$$x = \frac{3t}{1 + t^3}, \quad y = \frac{3t^2}{1 + t^3} \qquad (t \neq -1)$$

このとき, $t \to \pm\infty$ での極限は $(x, y) = (0, 0)$ に対応する. また,

$$t \to -1 + 0 \text{ のとき,} \quad x \to -\infty, \, y \to +\infty,$$
$$t \to -1 - 0 \text{ のとき,} \quad x \to +\infty, \, y \to -\infty.$$

このどちらの場合にも,

$$x + y = \frac{3t}{1 - t + t^2} \to -1 \qquad (t \to -1 \pm 0)$$

が成り立つから, 直線 $x + y + 1 = 0$ はこの曲線の漸近線である.

$$t \to 0 \text{ のとき,} \quad x \to 0, \, y \to 0, \, \frac{y}{x} = t \to 0,$$

$$t \to \pm\infty \text{ のとき,} \quad x, y > 0 \text{ で} x, y \to 0, \, \text{また,} \, \frac{y}{x} = t \to \pm\infty.$$

したがって, 原点を通る2つの分枝があって, それぞれの接線は x 軸と y 軸である. よって, 原点は結節点である.

この曲線は直線 $y = x$ に関して対称であり(助変数 t で見れば, 変換 $t \to \frac{1}{t}$ を施せばよい), この直線との交点は, $t = 1$ のときで, $(x, y) = \left(\frac{3}{2}, \frac{3}{2}\right)$.

よって, そのグラフは, 図4.12のようになる.

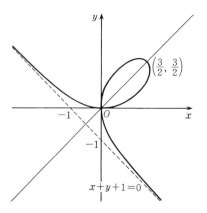

図 **4.12** $f(x,y)=x^3+y^3-3xy=0$

問11 この曲線上の点の x 座標の極大, 極小を調べよ.

問12 2 点 $(-a,0), (a,0)$ からの距離の積が一定値 k^2 であるような点の軌跡をカッシニ(Cassini)の卵形線(oval)といい, とくに, $a^2=k^2$ のとき, ヤコブ・ベルヌイ(Jakob Bernoulli)の連珠形(lemniscate)という. これらの曲線は, 図4.13 のようになることを確かめよ.

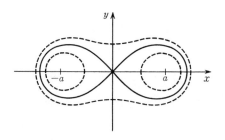

図 **4.13** カッシニの卵形線(破線)とヤコブ・ベルヌイの連珠形(実線)

定理4.39 関数 $f(x,y)$ は C^2 級で, $f(0,0)=0$, 原点 $(0,0)$ は f の臨界点(つまり, $df=0$)とし, $H=\mathrm{Hess}_f(0,0)$ と書く. このとき, 原点の近くで, 方程式

$$f(x,y)=0$$

が定める曲線は次のようになる.

（i） 行列 H が非退化で不定ならば，原点は結節点で，そこでの接ベクトルは H の2つの固有ベクトルである.

（ii） 行列 H が非退化で正または負定値ならば，原点は孤立点である. □

注意 行列 H が退化だが零行列でないとき，原点で複数の分枝が共通接線をもつ. しかし，この定理の仮定だけでは，分枝の数が有限個かどうかわからないので，原点が尖点であるとは言えない. ただし，f が解析的と仮定すれば，このことが言える.

［証明］ 原点で $f = \dfrac{\partial f}{\partial x} = \dfrac{\partial f}{\partial y} = 0$ だから，

$$f(x,y) = A(x,y)x^2 + 2B(x,y)xy + C(x,y)y^2$$

の形に書け，A, B, C は連続で，$(x,y) \to (0,0)$ のとき

$$H(x,y) = \begin{pmatrix} A(x,y) & B(x,y) \\ B(x,y) & C(x,y) \end{pmatrix} \to \begin{pmatrix} A(0,0) & B(0,0) \\ B(0,0) & C(0,0) \end{pmatrix} = H.$$

また，

$$\begin{pmatrix} \dfrac{\partial f}{\partial x}(x,y) \\ \dfrac{\partial f}{\partial y}(x,y) \end{pmatrix} = H \begin{pmatrix} x \\ y \end{pmatrix} + o\left(\sqrt{x^2+y^2}\right) \qquad ((x,y) \to (0,0))$$

だから，(x_0, y_0) が $(0,0)$ に十分近く，$(x_0, y_0) \neq (0,0)$ のとき，$df(x_0, y_0) \neq 0$. とくに，$f(x,y) = c$ $(c = f(x_0, y_0))$ から陰関数 $y = \varphi(x)$ もしくは $x = \varphi(y)$ がただ1つ定まっている.

（i）のとき，(x,y) が十分に $(0,0)$ に近ければ，$H(x,y)$ も非退化で不定であるから，$D(x,y) = B(x,y)^2 - A(x,y)C(x,y) > 0$. よって，$f(x,y) = 0$ は，例えば，$C \neq 0$ のときには，

$$f(x,y) = C\left(y - \frac{-B+\sqrt{D}}{2C}x\right)\left(y - \frac{-B-\sqrt{D}}{2C}x\right) = 0$$

の形に因数分解される. よって，この曲線は2つの分枝

$$y = \frac{-B(x,y) \pm \sqrt{D(x,y)}}{2C(x,y)} x$$

をもち, $(x,y) = (0,0)$ での接線はそれぞれ

$$y = \frac{-B(0,0) \pm \sqrt{D(0,0)}}{2C(0,0)} x$$

となるから, その向きは H の固有ベクトル方向である.

(ii)のとき, H が正定値(負定値)ならば, $(0,0)$ は f の狭義の極小(極大)点となるから, 曲線 $f(x,y) = 0$ の孤立点である. ∎

《まとめ》

4.1　合成関数の微分, テイラーの定理の多変数版, 多変数関数の最大最小の判定, 陰関数定理, 逆関数定理, さまざまな曲線とその追跡.

4.2　主な用語, 事項

連鎖律, 極座標への変換, テイラーの定理, 境界, 内部, 閉包, 最大最小の判定, 陰関数, 分枝, 陰関数定理, $\dfrac{\partial f}{\partial y} \neq 0$ の意味, 逆変換, 逆関数定理, 曲線の追跡, 結節点, 尖点, 孤立点.

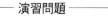 ——————— 演習問題 ———————

4.1　次式を示せ.

$$\lim_{h \to 0} \frac{f(x+h,y) + f(x,y+h) + f(x-h,y) + f(x,y-h) - 4f(x,y)}{h^2}$$
$$= \Delta f(x,y) \quad \left(\Delta f = \frac{\partial^2 f}{\partial x^2} + \frac{\partial^2 f}{\partial y^2} \right).$$

4.2　$x^2 + y^2 + z^2 = 1$ のとき, $|x|^p + |y|^p + |z|^p$ の最大値を求めよ. ただし, $p > 0$ とする.

4.3　$z = f(x,y)$ が関係式 $z = y + x\varphi(z)$ を満たすとき,

$$\frac{\partial z}{\partial x} = \varphi(z)\frac{\partial z}{\partial y}, \quad \frac{\partial^n z}{\partial x^n} = \frac{\partial^{n-1}}{\partial y^{n-1}}\left\{\varphi(z)^n\frac{\partial z}{\partial y}\right\} \quad (n \geqq 2)$$

が成り立つことを示せ. また, これを利用して,

$$u = a + \varepsilon \sin u$$

で定められる ε の関数 u のテイラー展開を 3 次まで求めよ.

4.4 変数変換

$$u = \frac{\sin x}{\cos y}, \quad v = \frac{\sin y}{\cos x}$$

は, 領域 $x > 0$, $y > 0$, $x + y < \dfrac{\pi}{2}$ を領域 $0 < u < 1$, $0 < v < 1$ 全体に 1 対 1 にうつすことを示せ.

4.5 ディオクレス(Diocles)の疾走線(cissoid) $y^2 = \dfrac{x^3}{x-a}$ を追跡し, $a > 0$ のとき, 次のことを確かめよ.

（a） $x = a$, $y = \pm\left(x + \dfrac{a}{2}\right)$ は漸近線である.

（b） 原点 O は尖点である.

（c） この曲線上の点 P に対して, 半直線 OP と, $[0, a]$ を直径とする円との交点を Q, 直線 $x = a$ との交点を R とすれば, $OP = QR$.

さらに, $a > 0$ のとき, 原点 O でのヘッセ行列を求めよ.

5

長さ，面積，積分

第1章では，単関数近似に基づいて，線分や長方形の場合を中心に積分を考えた．この章では，扱う対象を広げ，積分の考え方を深めていく．

2変数(以上)の関数の積分法は，§5.2, §5.3において一般的に扱われることになる．

§5.4では，まず密度定理を示し，これから変数変換の公式を導いている．この密度定理と§5.5の内容は，微分積分学の基本公式の一般化の2つの方向である．

なお，微分と積分を駆使すると，実にさまざまな計算が可能なことがある．この章では，少し難しすぎるかもしれないが，鑑賞に値する例もいくつか挙げてある．

§5.1 長さと面積

この節では，曲線の長さと平面図形の面積および曲面の面積について考える．

最初に，平面曲線の長さの概念に定義を与えよう．

曲線 C は始点 A，終点 B の連続曲線とする．C 上に点

$$P_0 = A, \ P_1, \ P_2, \ \cdots, \ P_{n-1}, \ P_n = B \tag{5.1}$$

を順にとり，弧 $\overset{\frown}{P_{i-1}P_i}$ $(1 \leqq i \leqq n)$ に分割する．この分割を Δ として，これ

らの分点をつなぐ折れ線の長さを
$$l(\Delta) = \overline{P_0P_1} + \overline{P_1P_2} + \cdots + \overline{P_{n-1}P_n} \tag{5.2}$$
とする．このとき，分割 Δ より細かい分割 Δ' をとると，弧 $\overset{\frown}{P_{i-1}P_i}$ は Δ' により細分されるか，されずにそのまま残るかのどちらかだから，
$$l(\Delta) \leqq l(\Delta') \tag{5.3}$$
が成り立つ．よって，次のように長さが定義できる．

定義 5.1　曲線 C のすべての分割 Δ を考えて，
$$L(C) = \sup_{\Delta} l(\Delta) \tag{5.4}$$
とおき，$L(C)$ が有限のとき，C は**長さ** $L(C)$ をもつという．　　　$\square$

上の定義からすぐにわかるように，曲線 $C = \overset{\frown}{AB}$ を C 上の点 P により 2 つの曲線 $C_1 = \overset{\frown}{AP}$, $C_2 = \overset{\frown}{PB}$ に分けると，
$$L(C) = L(C_1) + L(C_2) \tag{5.5}$$
が成り立つ．また，このとき，C を次のように表す:
$$C = C_1 + C_2. \tag{5.6}$$

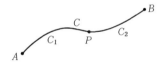

図 5.1　曲線 $C = \overset{\frown}{AB}$ を C 上の点 P で分ける．

曲線 C の分割 Δ の分点が $P_0, P_1, \cdots, P_n$ のとき，
$$\mathrm{mesh}(\Delta) = \max_{1 \leqq i \leqq n} \overline{P_{i-1}P_i} \tag{5.7}$$
とおき，Δ の**刻み幅**という．

定理 5.2　平面曲線 C は，C^1 級関数 $\varphi(t)$ による助変数表示
$$C : x = \varphi(t), \quad a \leqq t \leqq b$$
をもつとき，長さをもち，長さ $L(C)$ は次式で与えられる:

$$L(C) = \int_a^b \|\varphi'(t)\| dt. \tag{5.8}$$

[証明] C の分割 Δ をとり，Δ の分点を $\varphi(t_i)$ とすると，

$$\|\varphi(t_i) - \varphi(t_{i-1})\| = \left\| \int_{t_{i-1}}^{t_i} \varphi'(t) dt \right\| \leqq \int_{t_{i-1}}^{t_i} \|\varphi'(t)\| dt$$

だから，次の不等式がつねに成り立つ.

$$l(\Delta) \leqq \int_a^b \|\varphi'(t)\| dt. \tag{5.9}$$

よって，次の不等式が成り立ち，C は長さをもつことがわかる.

$$L(C) \leqq \int_a^b \|\varphi'(t)\| dt < \infty$$

さて，(5.8)で等号を示すためには，$\varphi'(t)$ の一様連続性，つまり，

$$\omega(\delta) = \sup\{\|\varphi'(t) - \varphi'(s)\|\,;\ a \leqq t,\ s \leqq b,\ |t-s| \leqq \delta\} \tag{5.10}$$

とおくと，$\displaystyle\lim_{\delta \to 0} \omega(\delta) = 0$ が成り立つことを用いる.

まず，三角不等式と $\omega(\delta)$ の定義より，

$$\begin{aligned}
\|\varphi(t_i) - \varphi(t_{i-1})\| &= \left\| \int_{t_{i-1}}^{t_i} \varphi'(t) dt \right\| \\
&\geqq \left\| \int_{t_{i-1}}^{t_i} \varphi'(t_i) dt \right\| - \left\| \int_{t_{i-1}}^{t_i} (\varphi'(t) - \varphi'(t_i)) dt \right\| \\
&\geqq (t_i - t_{i-1})\|\varphi'(t_i)\| - (t_i - t_{i-1})\omega(\delta) \\
&\geqq \int_{t_{i-1}}^{t_i} \|\varphi'(t)\| dt - 2(t_i - t_{i-1})\omega(\delta)
\end{aligned}$$

ここで，$|t-s| \leqq \delta$ のとき，$\big| \|\varphi'(t)\| - \|\varphi'(s)\| \big| \leqq \|\varphi'(t) - \varphi'(s)\| \leqq \omega(\delta)$ が成り立つことを用いた. よって，

$$l(\Delta) \geqq \int_a^b \|\varphi'(t)\| dt - 2(b-a)\omega(\delta) \tag{5.11}$$

したがって，(5.11)と(5.9)より，

$$\text{mesh}(\Delta) \to 0 \text{ のとき，}\quad l(\Delta) \to \int_a^b \|\varphi'(t)\| dt \tag{5.12}$$

これから，再び(5.9)に注意すれば，(5.8)がわかる. ▮

例 5.3 サイクロイド $x = t - \sin t,\ y = 1 - \cos t\ (0 \le t \le 2\pi)$ の長さは，

$$L = \int_0^{2\pi} \sqrt{\left(\frac{dx}{dt}\right)^2 + \left(\frac{dy}{dt}\right)^2}\, dt = \int_0^{2\pi} \sqrt{(1-\cos t)^2 + (\sin t)^2}\, dt$$

$$= \int_0^{2\pi} \sqrt{2 - 2\cos t}\, dt = \int_0^{2\pi} 2\sin\frac{t}{2}\, dt = \left[-4\cos\frac{t}{2}\right]_{t=0}^{2\pi} = 8\,.$$ ▯

xy 平面上の曲線 C が極座標表示で

$$C:\ r = f(\theta) \qquad (\alpha \le \theta \le \beta)$$

の形で与えられたとき，

$$\begin{pmatrix} x \\ y \end{pmatrix} = \begin{pmatrix} r\cos\theta \\ r\sin\theta \end{pmatrix} = \begin{pmatrix} f(\theta)\cos\theta \\ f(\theta)\sin\theta \end{pmatrix},$$

$$\left\{\frac{d}{d\theta}(f(\theta)\cos\theta)\right\}^2 + \left\{\frac{d}{d\theta}(f(\theta)\sin\theta)\right\}^2 = f'(\theta)^2 + f(\theta)^2$$

だから，C の長さは，次のように表される.

$$L(C) = \int_\alpha^\beta \sqrt{f'(\theta)^2 + f(\theta)^2}\, d\theta\,. \tag{5.13}$$

例 5.4 螺線(らせん，または，渦線) $C:\ r = (1+\theta)^{-\alpha}\ (\theta \ge 0)$ の長さは，

$$L(C) = \int_0^\infty \sqrt{\left(\frac{-\alpha}{(1+\theta)^{\alpha+1}}\right)^2 + \left(\frac{1}{(1+\theta)^\alpha}\right)^2}\, d\theta$$

$$= \int_0^\infty \frac{1}{(1+\theta)^\alpha}\sqrt{1 + \frac{\alpha^2}{(1+\theta)^2}}\, d\theta$$

となるから，

$\alpha > 1$ のとき，$L(C) \le \displaystyle\int_0^\infty \frac{1}{(1+\theta)^\alpha}\sqrt{1+\alpha^2}\, d\theta = \frac{\sqrt{1+\alpha^2}}{\alpha-1} < \infty\,.$

$0 < \alpha \le 1$ のとき，$L(C) \ge \displaystyle\int_0^\infty \frac{d\theta}{(1+\theta)^\alpha} = \infty\,.$ ▯

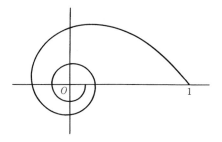

図 **5.2**　$r = (1+\theta)^{-\alpha}$ $(\theta \geqq 0)$

問 1　$\alpha > 0$ として，次の螺線 C の長さを求めよ.

(1) $f(\theta) = e^{-\alpha\theta}$ $(\theta \geqq 0)$　　　(2) $f(\theta) = (\log(e+\theta))^{-\alpha}$ $(\theta \geqq 0)$

次に，平面図形の面積について考えよう.

まず，平面図形 D が有限個の長方形の和集合であれば，その面積 $A(D)$ を，D を互いに交わらない長方形に分割して，それらの長方形の面積の和として定める.

一般の図形の場合には，D の面積 $A(D)$ を，D に含まれ，有限個の長方形の和で表される集合 D' の面積の上限として定めることができる(図 5.3).

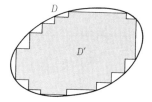

図 **5.3**　平面図形 D の面積

しかし，この一般的な定義は不十分で，面積 $A(D)$ について成り立ってほしい加法性(図 5.4)

$$D = D_1 \cup D_2,\ D_1 \cap D_2 = \emptyset \quad \Longrightarrow \quad A(D) = A(D_1) + A(D_2) \quad (5.14)$$

が破綻する.

例 5.5　例えば，

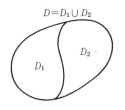

図 **5.4** 面積の加法性

$D_1 = \{(x,y) \mid 0 \leqq x \leqq 2,\ 0 \leqq y \leqq 1,\ \text{ただし},\ 1 \leqq x \leqq 2\ \text{のとき}\ y\ \text{は有理数}\}$
とする。上の定義に従うと、$1 \leqq x \leqq 2$ の部分に長方形は含まれないから、
$A(D_1) = 1$.

同様に、
$D_2 = \{(x,y) \mid 1 \leqq x \leqq 3,\ 0 \leqq y \leqq 1,\ \text{ただし},\ 1 \leqq x \leqq 2\ \text{のとき}\ y\ \text{は無理数}\}$
とすると、$A(D_2) = 1$.

しかし、$D = D_1 \cup D_2$ とすると、
$$D = \{(x,y) \mid 0 \leqq x \leqq 3,\ 0 \leqq y \leqq 1\}$$
だから、$A(D) = 3$. ▯

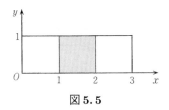

図 **5.5**

教訓：まったく一般の平面図形に対して、イメージ通りの面積を定義する
　　　ことには無理がある。

そこで、微分積分学の範囲では通常、次のように定義する。

定義 5.6　平面図形 D が（ダンジョワ（Denjoy）の意味で）**面積確定**である
とは、D の境界 ∂D が次の条件を満たすことをいう：　どんなに小さな正数 ε
が与えられても、面積の総和が ε 未満の有限個の正方形によって、境界 ∂D
を覆うことができる。 ▯

このとき、次のことはほとんど明らかであろう。

定理 5.7 平面図形 D が面積確定で，D_1 が面積確定なとき，$D_2 = D \backslash D_1$ も面積確定であり，次式が成り立つ：
$$A(D) = A(D_1) + A(D_2).$$

[証明] 略. ∎

定理 5.8 $\alpha, \beta : [a, b] \to \mathbb{R}$ が連続で，$\alpha(x) \leqq \beta(x)$ のとき，
$$D = \{(x, y) \mid a \leqq x \leqq b, \ \alpha(x) \leqq y \leqq \beta(x)\}$$
とすると，D は面積確定であり，
$$A(D) = \int_a^b (\beta(x) - \alpha(x)) dx.$$

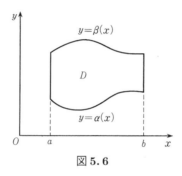

図 5.6

[証明] 面積確定なことは，α, β の一様連続性の帰結である．後半は明らか. ∎

最後に，曲面の面積についても触れておこう．

まず，曲面 S が xyz 空間で，
$$S : z = f(x, y), \quad (x, y) \in D$$
として，面積確定な有界閉集合 D の上に，C^1 級関数 f によって与えられる場合を考える．

$(x_0, y_0) \in D$，$z_0 = f(x_0, y_0)$ のとき，点 (x_0, y_0, z_0) における接平面を T とすると，T の方程式は，
$$T : z - z_0 - a(x - x_0) - b(y - y_0) = 0,$$
$$a = \frac{\partial f}{\partial x}(x_0, y_0), \quad b = \frac{\partial f}{\partial y}(x_0, y_0)$$

であり，その単位法線ベクトルは次式で与えられる：

$$\boldsymbol{n} = \frac{1}{\sqrt{1+a^2+b^2}} \begin{pmatrix} -a \\ -b \\ 1 \end{pmatrix}.$$

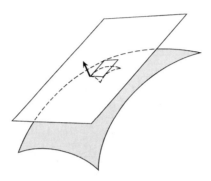

図 5.7　接平面

このとき，D に含まれる長方形 R を考え，

$$\widetilde{R} = \{(x,y,z) \in T \mid (x,y) \in R\}$$

とかくと，

$$A(\widetilde{R}) = A(R)\sqrt{1+a^2+b^2} \tag{5.15}$$

である.

実際，xy 平面の方程式は $z=0$ で，その単位法線ベクトルは $\begin{pmatrix} 0 \\ 0 \\ 1 \end{pmatrix}$ だから，T と xy 平面のなす角を θ とすれば，

$$\cos\theta = \left\langle \boldsymbol{n}, \begin{pmatrix} 0 \\ 0 \\ 1 \end{pmatrix} \right\rangle = \frac{1}{\sqrt{1+a^2+b^2}}.$$

よって，$A(R) = A(\widetilde{R})\cos\theta$ より，(5.15)を得る.

したがって，D を，例えば正方形に分割し，さらに対角線を引いて2等辺3角形に分割して，対応する S 上の点を頂点とする小3角形の面積の和を考え，分割を細かくしていくと，その極限値は次のようになる.

$$\iint_D \sqrt{1+\Big(\frac{\partial f}{\partial x}(x,y)\Big)^2+\Big(\frac{\partial f}{\partial y}(x,y)\Big)^2}\,dxdy.$$

定義 5.9 C^1 級曲面 S が
$$S:\ z=f(x,y),\quad (x,y)\in D$$
で与えられているとき,その面積 A を次式で定める.

$$A=\iint_D \sqrt{1+\Big(\frac{\partial f}{\partial x}\Big)^2+\Big(\frac{\partial f}{\partial y}\Big)^2}\,dxdy.$$

☐

例 5.10 半球 $z=\sqrt{a^2-x^2-y^2}\ (x^2+y^2\leqq a^2)$ の表面積 A は,
$$\frac{\partial z}{\partial x}=-\frac{x}{z},\quad \frac{\partial z}{\partial y}=-\frac{y}{z},\quad 1+\Big(\frac{\partial x}{\partial z}\Big)^2+\Big(\frac{\partial y}{\partial z}\Big)^2=\frac{a^2}{z^2}$$
より,

$$A=\iint_{x^2+y^2\leqq a^2}\frac{a\,dxdy}{\sqrt{a^2-x^2-y^2}}=a\int_{-a}^{a}dx\int_{-\sqrt{a^2-x^2}}^{\sqrt{a^2-x^2}}\frac{dy}{\sqrt{a^2-x^2-y^2}}$$
$$=a\int_{-a}^{a}dx\int_{-1}^{1}\frac{du}{\sqrt{1-u^2}}=2\pi a^2.$$

☐

注意 5.11 鋭い読者は,この本では,曲線の長さの定義は厳密に,折れ線近似の極限と定義して,C^1 級の場合の長さの公式を証明したのに,曲面の場合には,公式を与えて定義したことに異和感をもつかも知れない.この指摘は完全に正しい.そして,その理由は,曲面の面積の近似は,曲線の長さの近似ほど単純ではないことによる.ここでは,次の問のみを与えて,読者自身の理解を期待したい.

問 2 半径 a,高さ 1 の円筒の側面
$$S=\{(x,y,z)\mid x^2+y^2=a^2,\ 0\leqq z\leqq 1\}$$
$$=\{(r,\theta,z)\mid r=a,\ 0\leqq\theta<2\pi,\ 0\leqq z\leqq 1\}$$
を考える.自然数 n に対して,高さ方向は $\frac{1}{n^3}$ 等分,角 θ 方向は n 等分して,

$$(r,\theta,z) = \begin{cases} \left(a, \dfrac{2j\pi}{n}, \dfrac{k}{n^3}\right) & (k \text{ は偶数}) \\[3mm] \left(a, \dfrac{(2j-1)\pi}{n}, \dfrac{k}{n^3}\right) & (k \text{ は奇数}) \end{cases}$$

で定まる点を頂点とする 3 角形による面積の近似値を A_n とする．A_n の値を計算し，$\lim_{n\to\infty} A_n$ を求めよ．(この 3 角形による近似は提灯を思い出させる．)

§5.2 平面図形上での積分

D を，ある長方形 R 内の面積確定の平面図形として，D 上での関数 f の積分について考えよう．

D は面積確定だから，有限個の長方形の和として表される集合の増人列 $\{D_n\}_{n\geq 1}$ に対して，つねに，

$$\lim_{n\to\infty} A(D_n) = A(D) \tag{5.16}$$

が成り立つ．

関数 f が長方形 R の上で，第 1 章の意味で単関数近似による積分が可能ならば，長方形の和集合である D_n の上でも積分可能であり，以下に示すように，積分

$$\iint_{D_n} f(x,y)dxdy \qquad (n \geq 1)$$

の極限がつねに存在し，増大列 $\{D_n\}$ のとり方によらないことがわかる．このことを，f の D 上での**積分は確定する**といい，極限値

$$\iint_D f(x,y)dxdy = \lim_{n\to\infty} \iint_{D_n} f(x,y)dxdy \tag{5.17}$$

を f の D 上での**積分**という．

定理 5.12 関数 f が長方形 R の上で積分可能であり，D が R 内の面積確定な集合のとき，積分

$$\iint_D f(x,y)dxdy$$

は確定する. さらに, D を 2 つの面積確定な集合 D_1, D_2 に分割するとき, 積分範囲について加法性が成り立つ.

$$\iint_D f(x,y)dxdy = \iint_{D_1} f(x,y)dxdy + \iint_{D_2} f(x,y)dxdy. \quad (5.18)$$

[証明] f は R 上で積分可能だから, 有界である. つまり,

$$\|f\| = \max_{(x,y)\in\mathbb{R}} |f(x,y)| < \infty.$$

したがって, $\{D_n\}$ が (5.16) を満たす増大列で, $n > m$ のとき,

$$\left| \iint_{D_n} f\,dxdy - \iint_{D_m} f\,dxdy \right| = \left| \iint_{D_n\setminus D_m} f\,dxdy \right|$$
$$\leqq \|f\| A(D_n\setminus D_m)$$

$n, m \to \infty$ のとき, $A(D_n\setminus D_m) = A(D_n) - A(D_m) \to 0$ だから, 極限

$$\lim_{n\to\infty} \iint_{D_n} f\,dxdy$$

が存在する.

次に, やはり (5.16) を満たす別の増大列 $\{D_k'\}$ をとると, 各 D_n に対して, $D_n \subset D_{k_n}'$ を満たす D_{k_n}' がとれる. このとき,

$$\left| \iint_{D_{k_n}'} f\,dxdy - \iint_{D_n} f\,dxdy \right| \leqq \|f\| A(D_{k_n}'\setminus D_n) \leqq \|f\| A(D\setminus D_n)$$

よって, $n \to \infty$ とすると,

$$\lim_{n\to\infty} \iint_{D_n'} f\,dxdy = \lim_{n\to\infty} \iint_{D_{k_n}'} f\,dxdy = \lim_{n\to\infty} \iint_{D_n} f\,dxdy$$

ゆえに, この極限は増大列 $\{D_n\}$ のとり方によらない.

後半は明らかであろう. ∎

例 5.13

$$\iint_{x,y\geqq 0,\, x+y\leqq 1} xy\,dxdy$$

$$= \lim_{n\to\infty} \sum_{i=1}^{n} \iint_{0\leqq x\leqq 1-\frac{i}{n},\ \frac{i-1}{n}\leqq y<\frac{i}{n}} xy\,dxdy$$

$$= \lim_{n \to \infty} \sum_{i=1}^{n} \int_0^{1 - \frac{i}{n}} x \, dx \int_{\frac{i-1}{n}}^{\frac{i}{n}} y \, dy = \lim_{n \to \infty} \sum_{i=1}^{n} \frac{1}{2} \left(1 - \frac{i}{n}\right)^2 \cdot \frac{2i-1}{2n^2}$$

$$= \frac{1}{2} \int_0^1 (1-t)^2 t \, dt = \frac{1}{24} \, . \qquad\qquad \square$$

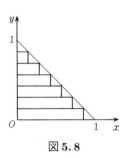

図 5.8

　実際の計算のためには，この積分についてもフビニの定理を用意しておく
と便利である.

　D を面積確定な図形として，

$$I = \{x \in \mathbb{R} \mid \text{ある } y \text{ に対して } (x,y) \in D\}$$

とおく. I は D の x 軸への射影である.

　$x \in I$ のとき,

$$D_x = \{y \in \mathbb{R} \mid (x,y) \in D\} \tag{5.19}$$

とおき, D_x を, x 上の D の**縦線集合**という. D_x は, x 軸への射影が x とな
る点の y 座標の全体である(図 5.9).

　注意　$\mathbb{R}^2$ の部分集合 $\{(x,y) \mid y \in D_x\}$ を縦線集合ということもある.

　このとき, $D_1 \subset D_2 \subset \cdots, \ \bigcup_{n \geq 1} D_n \supset \operatorname{int} D$ ならば,

$$(D_1)_x \subset (D_2)_x \subset \cdots, \quad \bigcup_{n \geq 1} (D_n)_x \supset \operatorname{int} D_x$$

が成り立つ. これから次の定理が証明される.

　定理 5.14　D が面積確定な有界閉集合で, f が D 上の連続関数(または,

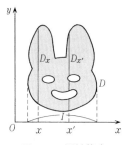

図 5.9 縦線集合

単関数により一様近似可能な関数)のとき,

$$\iint_D f(x,y)dxdy = \int_I dx \int_{D_x} f(x,y)dy.$$

[証明]　D が有限個の長方形の和集合の場合は明らか．一般の場合は，D を増大列 $\{D_n\}$ を用いて近似すればよい．∎

例 5.15　$\alpha, \beta: [a,b] \to \mathbb{R}$ が連続で，$\alpha(x) \leqq \beta(x)$ のとき，
$$D = \{(x,y) \mid a \leqq x \leqq b,\ \alpha(x) \leqq y \leqq \beta(x)\}$$
の上での積分について次式が成り立つ．

$$\iint_D f(x,y)dxdy = \int_a^b dx \int_{\alpha(x)}^{\beta(x)} f(x,y)dy. \tag{5.20}$$

問 3　上の (5.20) を用いて，次式を示せ．

$$\iint_{x,y\geqq 0,\ x+y\leqq 1} xy\,dxdy = \frac{1}{24}$$

問 4　3 点 $(a,a'),(b,b'),(c,c')$ を頂点とする 3 角形 D に対して，次式を示せ．

$$\frac{1}{A(D)} \iint_D x\,dxdy = \frac{a+b+c}{3}, \quad \frac{1}{A(D)} \iint_D y\,dxdy = \frac{a'+b'+c'}{3}$$

例題 5.16　4 点 $(0,0),(p,r),(q,s),(p+q,r+s)$ を頂点とする平行 4 辺形を Π，f を Π 上の連続関数とするとき，

$$\iint_{\Pi} f(x,y)dxdy = \iint_{[0,1]\times[0,1]} f(pu+qv,\ ru+sv)\,|\Delta|dudv$$

が成り立つことを示せ．ただし，$\Delta = ps-qr \neq 0$ とする．

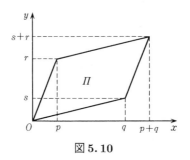

図 5.10

[解]　まず，$p \neq 0$ の場合を示す．

$$\iint_{[0,1]\times[0,1]} f(pu+qv,\ ru+sv)dudv$$

$$= \int_0^1 dv \int_0^1 f(pu+qv,\ ru+sv)du$$

$$= \int_0^1 dv \int_{qv}^{qv+p} f\left(x,\ \frac{r}{p}x+\frac{\Delta}{p}v\right)\frac{dx}{p}$$

$$\left(x = pu+qv,\ u = \frac{x-qv}{p},\ dx = p\,du\right)$$

$$= \iint_D f\left(x,\ \frac{r}{p}x+\frac{\Delta}{p}v\right)\frac{1}{|p|}dxdv$$

$$(D = \{(x,v)\mid 0 \leqq v \leqq 1,\ qv \leqq x \leqq qv+p\})$$

$$= \int_0^{p+q} \frac{dx}{|p|} \int_{D_x} f\left(x,\ \frac{r}{p}x+\frac{\Delta}{p}v\right)dv$$

$$(D_x = \{v\mid (x,v)\in D\})$$

$$= \int_0^{p+q} \frac{dx}{|p|} \int_{\Pi_x} f(x,y)\frac{p}{|\Delta|}dy$$

$$\left(y = \frac{r}{p}x+\frac{\Delta}{p}v,\ \Pi_x = \{y\mid (x,y)\in \Pi\}\right)$$

$$= \frac{1}{|\Delta|} \iint_{\Pi} f(x,y)dxdy.$$

1つ目，2つ目の等号ではフビニの定理を用いた．また，$p=0$ のときは，$\Delta \neq 0$ より，$q \neq 0$ だから，同様の変数変換 $x=pu+qv$, $y=\dfrac{x}{q}-\dfrac{\Delta}{q}u$ を行なえばよい（図 5.11）．∎

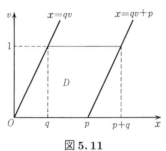

図 5.11

3 変数以上の場合にも 2 変数の積分と同様のことが成り立つ．

例題 5.17　$V: x^2+y^2+z^2 \leqq a^2$, $a>0$ のとき，次式を示せ.

$$\iiint_V dxdydz = \frac{4}{3}\pi a^3.$$

［解］

$$\iiint_V dxdydz = \int_{-a}^{a} dx \int_{-\sqrt{a^2-x^2}}^{\sqrt{a^2-x^2}} dy \int_{-\sqrt{a^2-x^2-y^2}}^{\sqrt{a^2-x^2-y^2}} dz$$

$$= \int_{-a}^{a} dx \int_{-\sqrt{a^2-x^2}}^{\sqrt{a^2-x^2}} 2\sqrt{a^2-x^2-y^2}\, dy$$

$$= \int_{-a}^{a} (a^2-x^2)dx \int_{-1}^{1} 2\sqrt{1-u^2}\, du \qquad (y=\sqrt{a^2-x^2}\,u)$$

$$= a^3 \int_{-1}^{1} (1-t^2)dt \int_{-1}^{1} 2\sqrt{1-u^2}\, du$$

$$= \frac{4}{3}\pi a^3. \qquad\qquad\qquad ∎$$

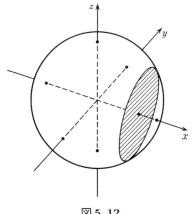

図 5. 12

問5 次の等式を示し, その値を求めよ.

$$\iiiint_{x_1^2 + x_2^2 + x_3^2 + x_4^2 \leqq a^2} dx_1 dx_2 dx_3 dx_4$$
$$= a^4 \int_{-\frac{\pi}{2}}^{\frac{\pi}{2}} \cos^4 \theta \, d\theta \int_{-\frac{\pi}{2}}^{\frac{\pi}{2}} \cos^3 \theta \, d\theta \int_{-\frac{\pi}{2}}^{\frac{\pi}{2}} \cos^2 \theta \, d\theta \int_{-\frac{\pi}{2}}^{\frac{\pi}{2}} \cos \theta \, d\theta$$

多変数の場合も, リーマン和を用いて積分を定めることができる. 簡単のため, 長方形 R の上で考えよう.

f を R 上の関数とする. R の長方形 $R_1, R_2, \cdots, R_m$ による分割

$$\Delta : R = R_1 \cup R_2 \cup \cdots \cup R_m$$

と, R_i の点 P_i に対して,

$$\sum_{i=1}^{m} f(P_i) A(R_i)$$

R_1	R_2	$\cdots$	$\cdots$	
		$\cdots$	$\cdots$	R_m

図 5. 13 長方形 R の分割

の形の和を**リーマン和**という.

　定義5.18　リーマン和が, $\mathrm{mesh}(\varDelta) \to 0$ のとき, 点 $\{P_i\}$ の選び方によらずに, ある値に収束するとき, f は R 上で**リーマン積分可能**であるといい, その極限を

$$\iint_R f(x, y)dxdy$$

と書き, f の R 上での**リーマン積分**という. ただし,

$$\mathrm{mesh}(\varDelta) = \max_{1 \le i \le m} \mathrm{diam}(R_i).$$

□

　定理5.19　面積確定な部分集合 $D_1, D_2, \cdots, D_k$ によって長方形 R を分割すると, 関数 $f: R \to \mathbb{R}$ が

$$f(P) = f_j(P) \qquad (P \in D_j \text{ のとき}) \qquad (5.21)$$

と書け, f_j が D_j の上で(単関数近似の意味で)積分可能なとき, f はリーマン積分可能で, f のリーマン積分は次式で与えられる.

$$\iint_R f(x, y)dxdy = \sum_{j=1}^{k} \iint_{D_j} f_j(x, y)dxdy.$$

ただし, D_j 上での f_j の積分はこれまでの積分である. □

　注意　この定理5.19により, (5.21)の形に表される関数 f については, フビニの定理が成り立ち, 累次積分を用いてその値を求めることができる.

　[証明]　R の小長方形 $R_1, R_2, \cdots, R_m$ による分割 $\varDelta$ をとると, 各 D_j は面積確定だから, それらの境界 $\partial D_1, \cdots, \partial D_k$ と交わるものを $R_{i_1}, \cdots, R_{i_l}$ とすると,

$$A(R_{i_1}) + \cdots + A(R_{i_l}) \to 0 \qquad (\mathrm{mesh}(\varDelta) \to 0)$$

したがって, リーマン和のこれらに対応する部分について,

$$f(P_{i_1})A(R_{i_1}) + \cdots + f(P_{i_l})A(R_{i_l}) \to 0 \qquad (\mathrm{mesh}(\varDelta) \to 0)$$

　一方, 分割 $\varDelta$ の残りを $R_{i'_1}, \cdots, R_{i'_{m-l}}$ とすれば, これらの上で f は f_j のどれかに等しいから, (これまでの意味で)積分可能で, $\mathrm{mesh}(\varDelta) \to 0$ のとき,

$$f(P_{i'_1})A(R_{i'_1}) + \cdots + f(P_{i'_{m-l}})A(R_{i'_{m-l}}) \to \sum_{j=1}^{k} \iint_{D_j} f\,dxdy$$

よって，

$$\sum_{i=1}^{m} f(P_i)A(R_i) \to \sum_{j=1}^{k} \iint_{D_j} f\,dxdy$$

ゆえに，f はリーマン積分可能で，その積分の値は(5.21)で与えられる． ∎

注意　上の定理5.19は R を面積確定な集合 D に置き換えても成立する．

例5.20　集合 E 上で1，その外で0である関数を 1_E で表すと，集合 D, E が面積確定のとき，

$$\iint_D 1_E(x,y)dxdy = A(D \cap E).$$

$\square$

問6　$D = \{(x,y) \mid x^2+y^2 \leqq 1\}$, $E = \{(x,y) \mid y \geqq x+a\}$ のとき，$\displaystyle\iint_D 1_E dxdy$ を求めよ．

例5.21　$R = [0,1] \times [0,1]$, $D = \{(x,y) \mid x^2+y^2 \leqq 1,\ x \geqq 0,\ y \geqq 0\}$, g, h が D 上の連続関数のとき，

$$f(x,y) = \begin{cases} g(x,y) & ((x,y) \in D) \\ h(x,y) & (その他) \end{cases}$$

とおくと，f はリーマン積分可能で，

$$\int_0^1 \int_0^1 f(x,y)dxdy = \int_0^1 dx \int_0^{\sqrt{1-x^2}} g(x,y)dy + \int_0^1 dx \int_{\sqrt{1-x^2}}^1 h(x,y)dy.$$

$\square$

§5.3　平面上での広義積分

1変数関数の広義積分の意味の復習をしよう．

例5.22（フルラーニ(Frullani)の積分） $b>a>0$ で，連続関数 f が極限 $f(\infty)=\lim_{x\to\infty}f(x)$ をもつとき，

$$\int_0^\infty \frac{f(bx)-f(ax)}{x}\,dx = \{f(\infty)-f(0)\}\log\frac{b}{a}.$$

実際，$0<\varepsilon<R$ のとき，

$$\begin{aligned}
\int_\varepsilon^R \frac{f(bx)-f(ax)}{x}\,dx &= \int_\varepsilon^R \frac{f(bx)}{x}\,dx - \int_\varepsilon^R \frac{f(ax)}{x}\,dx \\
&= \int_{b\varepsilon}^{bR} \frac{f(t)}{t}\,dt - \int_{a\varepsilon}^{aR} \frac{f(t)}{t}\,dt \\
&= \int_{aR}^{bR} \frac{f(t)}{t}\,dt - \int_{a\varepsilon}^{b\varepsilon} \frac{f(t)}{t}\,dt \\
&= \int_a^b \frac{f(Rx)}{x}\,dx - \int_a^b \frac{f(\varepsilon x)}{x}\,dx.
\end{aligned}$$

よって，$R\to\infty$, $\varepsilon\to 0$ とすると，

$$\begin{aligned}
\int_0^\infty \frac{f(bx)-f(ax)}{x}\,dx &= \int_a^b \frac{f(\infty)}{x}\,dx - \int_a^b \frac{f(0)}{x}\,dx \\
&= \{f(\infty)-f(0)\}\log\frac{b}{a}.
\end{aligned}$$

$\Box$

1変数の場合，上の例のように積分範囲は左右に広げるだけであるが，2変数になると，広げ方は多様になる．しかし，一般に，平面 $\mathbb{R}^2$ 内の図形 D 上の関数 f の積分は，次の指針に従って定義することができる．

（I）　関数 f は，D 内に含まれる長方形の上では積分可能と仮定する．

（II）　D 内に含まれ，有限個の長方形の和として表される集合の増大列 D_n $(n\geq 1)$ で，D 内を埋め尽くすものをとる：

$$D_1 \subset D_2 \subset \cdots \subset D_n \subset \cdots, \quad \bigcup_{n\geq 1} D_n \supset \mathrm{int}\,D. \qquad (5.22)$$

（III）　D_n 上での f の積分が $n\to\infty$ で極限をもち，その極限が増大列 $\{D_n\}_{n=1}^\infty$ のとり方によらないとき，D 上での f の積分を，

$$\iint_D f(x,y)dxdy = \lim_{n\to\infty} \iint_{D_n} f(x,y)dxdy \qquad (5.23)$$

と定義する.

被積分関数 f が非負の場合には，有界単調増大列が収束することから，広義積分は次のように簡単になる.

定理 5.23 D を平面上の開集合，f は D 上の非負関数で，D に含まれる任意の長方形の上で積分可能と仮定する. このとき，D に含まれて，有限個の長方形の和で表される閉集合の増大列 $\{D_n\}_{n=1}^{\infty}$ で D を埋め尽くすものを1つとるとき，

$$M = \sup_{n\geq 1} \iint_{D_n} f(x,y)dxdy < \infty \qquad (5.24)$$

が成り立てば，上の(III)が成り立ち，積分 $\iint_D f(x,y)dxdy$ の値が確定する. さらに，このとき，フビニの定理

$$\iint_D f(x,y)dxdy = \int_I dx \int_{D_x} f(x,y)dy \qquad (5.25)$$

も成り立つ. ここで，I は D の x 軸への射影，D_x は x 上の縦線集合 $D_x = \{y \mid (x,y) \in D\}$ である.

[証明] まず，$f \geq 0$ だから，有界単調列の収束定理より，

$$M = \lim_{n\to\infty} \iint_{D_n} f\, dxdy$$

が成り立つ.

次に，別の増大列 $\{D_m'\}$ をとると，(5.22)より，各 m に対して，$D_m' \subset D_n$ をみたす n がとれる. したがって，

$$\iint_{D_m'} f\, dxdy \leqq \iint_{D_n} f\, dxdy \leqq M.$$

よって，

$$\lim_{m\to\infty} \iint_{D_m'} f\, dxdy = \sup_{m\geq 1} \iint_{D_m'} f\, dxdy \leqq M.$$

ところで，この議論は $\{D_n\}$ と $\{D_m'\}$ の役割を入れ換えても成り立つから，

$$\lim_{m \to \infty} \iint_{D'_m} f \, dxdy = \lim_{n \to \infty} \iint_{D_n} f \, dxdy = M \, .$$

最後に(5.25)を示そう. まず, D_n について,

$$\iint_{D_n} f(x,y) dxdy = \int_{I_n} dx \int_{(D_n)_x} f(x,y) dy \, .$$

ところで,

$$\lim_{n \to \infty} \int_{(D_n)_x} f(x,y) dy = \sup_{n \geqq 1} \int_{(D_n)_x} f(x,y) dy = \int_{D_x} f(x,y) dy \, .$$

これより, (5.25)がわかる. ∎

注意 5.24 定理 5.23 の条件(5.24)は次のものに置き換えてもよい.

$$\sup_{n \geqq 1} \int_I dx \int_{(D_n)_x} f(x,y) dy < \infty \, . \tag{5.26}$$

もちろん, (5.26)は, まず x で積分する累次積分で置き換えてもよい.

例 5.25 $\alpha > 2$ のとき, $\displaystyle\iint_{x,y \geqq 0} \frac{dxdy}{(1+x+y)^\alpha}$ は確定する. 実際,

$$\iint_{x,y \geqq 0} \frac{dxdy}{(1+x+y)^\alpha} = \int_0^\infty dx \int_0^\infty \frac{dy}{(1+x+y)^\alpha}$$

$$= \int_0^\infty \frac{1}{\alpha-1} \frac{dx}{(1+x)^{\alpha-1}} = \frac{1}{(\alpha-1)(\alpha-2)} < \infty \, . \qquad □$$

例 5.26

$$I = \iint_{x^2+y^2<1} \frac{dxdy}{\sqrt{1-x^2-y^2}} = 2\pi \, .$$

実際,

$$I = \int_{-1+0}^{1-0} dx \int_{-\sqrt{1-x^2}+0}^{\sqrt{1-x^2}-0} \frac{dy}{\sqrt{1-x^2-y^2}} = \int_{-1+0}^{1-0} dx \int_{-1+0}^{1-0} \frac{du}{\sqrt{1-u^2}}$$

$$= 2\int_{-1+0}^{1-0} \frac{du}{\sqrt{1-u^2}} = 2\pi \qquad (y = \sqrt{1-x^2}\, u) \, . \qquad □$$

問 7 $\displaystyle J = \iiint_{x^2+y^2+z^2<1} \frac{dxdydz}{\sqrt{1-x^2-y^2-z^2}}$ を求めよ.

例 5.27 $D = \{(x, y) \mid 0 \le x \le y \le 1\}$ のとき，

$$\iint_D \frac{dxdy}{\sqrt{x^2 + y^2}} = \log(1 + \sqrt{2}).$$

実際，$D_\varepsilon = \{(x, y) \mid y \ge \varepsilon,\ 0 \le x \le y \le 1\}$ $(\varepsilon > 0)$ で被積分関数は連続だから，

$$\iint_{D_\varepsilon} \frac{dxdy}{\sqrt{x^2 + y^2}} = \int_\varepsilon^1 dy \int_0^y \frac{dx}{\sqrt{x^2 + y^2}} = \int_\varepsilon^1 dy \int_0^1 \frac{du}{\sqrt{u^2 + 1}}$$

$$= (1 - \varepsilon) \int_0^1 \frac{du}{\sqrt{u^2 + 1}}$$

$$\to \int_0^1 \frac{du}{\sqrt{u^2 + 1}} = \log(u + \sqrt{u^2 + 1})|_{u=0}^1 = \log(1 + \sqrt{2}).$$ □

問 8 $\displaystyle\iint_{x \ge 0,\, y \ge 0} \frac{dxdy}{(1 + x + y)^3}$ を求めよ.

例題 5.28 $I = \displaystyle\iint_{\mathbb{R}^2} e^{-x^2 - 2xy\cos\alpha - y^2} dxdy$ $(0 < \alpha < \pi)$ を求めよ.

［解］ $e^{-x^2 - 2xy\cos\alpha - y^2} \ge 0$ に注意すると，

$$I = \int_{\mathbb{R}} dx \int_{\mathbb{R}} e^{-x^2 - 2xy\cos\alpha - y^2} dy = \int_{\mathbb{R}} dx \int_{\mathbb{R}} e^{-(y + x\cos\alpha)^2 - x^2\sin^2\alpha} dy$$

$$= \int_{\mathbb{R}} \sqrt{\pi}\, e^{-x^2\sin^2\alpha} dx = \frac{\sqrt{\pi}}{\sin\alpha} \int_{\mathbb{R}} e^{-u^2} du = \frac{\pi}{\sin\alpha}.$$ ∎

問 9 次の等式を示せ. ただし，$a, b, c > 0$ とする.

(1) $\displaystyle\int_0^a dx \int_0^{\frac{bx}{a}} f(x, y) dy = \int_0^b dy \int_{\frac{ay}{b}}^a f(x, y) dx$

(2) $\displaystyle\int_0^a dx \int_{bx}^{d - cx} f(x, y) dy = \int_0^{ab} dy \int_0^{\frac{y}{b}} f(x, y) dx + \int_{ab}^d dy \int_0^{\frac{d - y}{c}} f(x, y) dx$

　　（ただし，$d = a(b + c)$）

例題 5.29 $b > a > 0$ のとき，次式を示せ.

$$\int_0^\infty \frac{e^{-at} - e^{-bt}}{t} dt = \log \frac{b}{a}.$$

[解]　（例 5.22 の特別な場合であるが）　$f(x, y) = e^{-xy}$ を考えると，

$$I = \iint_{a \leqq x \leqq b,\ y \geqq 0} e^{-xy} dxdy = \int_a^b dx \int_0^\infty e^{-xy} dy = \int_a^b \frac{dx}{x} = \log \frac{b}{a} < \infty .$$

一方，

$$I = \int_0^\infty dy \int_a^b e^{-xy} dx = \int_0^\infty \frac{e^{-ay} - e^{-by}}{y} dy .$$

定理 5.30　領域 D で連続な関数 f に次の条件を仮定する：

$$\begin{cases} D \text{ 上で確定した積分をもつ非負関数} \varphi \text{ があって，} \\ \quad |f(x, y)| \leqq \varphi(x, y) \qquad ((x, y) \in D) \\ \text{が成り立つ．} \end{cases}$$

このとき，f の D 上の積分も確定し，

$$\left| \iint_D f\, dxdy \right| \leqq \iint_D \varphi\, dxdy . \tag{5.27}$$

さらに，フビニの定理も成り立つ．

　[証明]　前と同様に増大列 $\{D_n\}$ をとれば，$n > m$ のとき

$$\left| \iint_{D_n} f\, dxdy - \iint_{D_m} f\, dxdy \right| = \left| \iint_{D_n \backslash D_m} f\, dxdy \right|$$

$$\leqq \iint_{D_n \backslash D_m} \varphi\, dxdy = \iint_{D_n} \varphi\, dxdy - \iint_{D_m} \varphi\, dxdy$$

$$\to 0 \qquad (n, m \to \infty) . \tag{5.28}$$

よって，$\iint_D f\, dxdy$ は確定する．

　不等式 (5.27) は，D_n 上で同様の不等式が成り立つことからわかる．

　また，D_n 上では，

$$\int_I dx \int_{(D_n)_x} f(x, y) dy = \iint_{D_n} f(x, y) dxdy \tag{5.29}$$

が成り立ち，$n > m$ のとき，

$$\left| \int_I dx \int_{(D_n)_x} f\,dy - \int_I dx \int_{(D_m)_x} f\,dy \right| = \left| \int_I dx \int_{(D_n)_x \backslash (D_m)_x} f\,dy \right|$$

$$\leqq \int_I dx \int_{(D_n)_x \backslash (D_m)_x} \varphi\,dy = \int_I dx \int_{(D_n)_x} \varphi\,dy - \int_I dx \int_{(D_m)_x} \varphi\,dy$$

$$= \iint_{D_n} \varphi\,dxdy - \iint_{D_m} \varphi\,dxdy \to 0 \qquad (n, m \to \infty)$$

だから，(5.28)と合わせて，(5.29)の両辺がともに収束して，

$$\int_I dx \int_{D_x} f(x, y)dy = \iint_D f(x, y)dxdy \tag{5.30}$$

が成り立つことがわかる. ∎

例題 5.31　$F(x) = \displaystyle\int_0^\infty e^{-y^2} \sin 2xy\,dy$ は微分方程式
$$F'(x) + 2xF(x) = 1$$
を満たすことを示せ.

[解]　形式的に $F'(x)$ を計算すると，$F'(x) = \displaystyle\int_0^\infty 2ye^{-y^2} \cos 2xy\,dy$. そこで，$f(x, y) = 2ye^{-y^2} \cos 2xy$ を考えると，

$$|f(x, y)| \leqq 2ye^{-y^2}\ (y \geqq 0), \qquad \int_0^\infty 2ye^{-y^2}dy = 1$$

よって，$t \geqq 0$ のとき，

$$\int_0^t dx \int_0^\infty 2ye^{-y^2} \cos 2xy\,dy = \int_0^\infty dy \int_0^t 2ye^{-y^2} \cos 2xy\,dx$$
$$= \int_0^\infty e^{-y^2} \sin 2ty\,dy = F(t).$$

ゆえに，F は微分可能で，$F'(x) = \displaystyle\int_0^\infty 2ye^{-y^2} \cos 2xy\,dy$ が成り立つ.
ここで部分積分を用いると，

$$F'(x) = -\int_0^\infty (e^{-y^2})' \cos 2xy\,dy$$
$$= -e^{-y^2} \cos 2xy\big|_{y=0}^\infty - \int_0^\infty e^{-y^2} 2x \sin 2xy\,dy$$
$$= 1 - 2xF(x).$$
∎

問 10 $F(x) = \displaystyle\int_0^\infty e^{-y^2 - \frac{x^2}{y^2}} dy$ は微分方程式 $F' + 2F = 0$ を満たすことを示し，

$F(0) = \dfrac{\sqrt{\pi}}{2}$ より，$F(x)$ を求めよ．

注意 5.32 微分方程式の解の性質が，積分表示からわかることがある．例えば，次の場合は，$\displaystyle\lim_{x \to \mp\infty} y_\pm(x) = 0$ がわかる．

$$y_\pm(x) = \int_0^\infty \int_0^\infty s^{a-1} t^{b-1} e^{\pm xst - \frac{1}{2}s^2 - \frac{1}{2}t^2} ds dt \qquad (a, b > 0)$$

とおくと，$y = y_\pm$ は次の微分方程式を満たす．

$$(x^2 - 1)\frac{d^2 y}{dx^2} + (a+b+1)x\frac{dy}{dx} + aby = 0.$$

§5.4 密度定理と積分の変数変換

第 1 章の積分の定義を見直して，一般化しよう．以下の議論は一般に $\mathbb{R}^n$ で成り立つが，ここでは平面 $\mathbb{R}^2$ 上で考える．

§5.2 で示したように，平面上で面積確定な有界集合 D の上でも積分は定義されている．

$w(x, y)$ を非負連続関数として，D が面積確定のとき，

$$A_w(D) = \iint_D w(x, y) dx dy \tag{5.31}$$

を D の重み w つきの面積と呼ぶことにする．

単関数 s が，

$$s(x) = \begin{cases} c_i & (x \in R_i,\ i = 1, 2, \cdots, m) \\ 0 & (\text{その他}) \end{cases} \tag{5.32}$$

で与えられるとき，重みつき面積を用いて，

$$I_w(s; D) = \sum_{i=1}^m c_i A_w(R_i) \tag{5.33}$$

とおき，単関数 s の D 上での重み w つきの積分という．

次に，関数 f が単関数列 s_n $(n \geqq 1)$ の一様極限のとき，つまり，

$$\|f - s_n\| = \max_{(x,y) \in D} |f(x,y) - s_n(x,y)| \to 0 \quad (n \to \infty) \quad (5.34)$$

が成り立つとき，

$$I_w(f; D) = \lim_{n \to \infty} I_w(s_n; D) \quad\quad\quad (5.35)$$

とおき，これを f の D 上での**重み w つきの積分**という．

上の極限(5.35)が存在すること，また，f を一様近似する単関数列 s_n $(n \geqq 1)$ の選び方によらないこと，さらに，積分の基本性質(p.4)を満たすことは，第1章とまったく同様にして確かめることができる．

定理 5.33　D が平面上で面積確定な有界閉集合で，関数 f が D 上で積分可能(つまり，ある単関数列の一様極限として表される)ならば，次式が成り立つ:

$$I_w(f; D) = \iint_D f(x,y) w(x,y) dx dy . \quad\quad (5.36)$$

つまり，f の重み w つきの積分は，積 fw の積分となる．

なお，重み w はまた，**密度関数**ともいう．

[証明]　s が単関数で，上の(5.32)により与えられるならば，(5.33)と(5.31)より

$$I_w(s; D) = \sum_{i=1}^{m} c_i A_w(R_i)$$

$$= \sum_{i=1}^{m} c_i \iint_{R_i} w(x,y) dx dy = \iint_R s(x,y) w(x,y) dx dy$$

つまり，(5.36)が成り立つ．

f を積分可能として，f に一様収束する単関数列 s_n をとれば，$s_n w$ は fw に一様収束するから，

$$I_w(f; D) = \lim_{n \to \infty} I_w(s_n; D)$$

$$= \lim_{n \to \infty} \iint_R s_n(x,y) w(x,y) dx dy = \iint_R f(x,y) w(x,y) dx dy$$

よって，(5.36)は一般に成り立つ． ∎

ここで，逆に，次の問題を考えてみよう.

積分値 $I_w(f;D)$ がすべて与えられたとき，密度関数 w がわかるか？
R を長方形とし，$s(x,y)=1$ $((x,y)\in R)$, $=0$ （その他）とすると，$I_w(s;D)=A_w(R)$ だから，上の問題は

重みつき面積の値 $A_w(R)=\displaystyle\iint_R w(x,y)dxdy$ がすべて与えられたとき，
密度関数 w がわかるか？

と言い換えられる.

その答えは次のようになる. これを**密度定理**という.

定理 5.34（密度定理）　密度関数 w が点 (x_0,y_0) で連続なとき，この点を含む長方形の列 R_n $(n \geqq 1)$ の直径 $\mathrm{diam}(R_n)$ が

$$\lim_{n\to\infty}\mathrm{diam}(R_n)=0 \tag{5.37}$$

を満たすならば，次式が成り立つ:

$$w(x_0,y_0)=\lim_{n\to\infty}\frac{1}{A(R_n)}\iint_{R_n}w(x,y)dxdy. \tag{5.38}$$

［証明］　w は点 (x_0,y_0) で連続と仮定したから，任意に正数 ε を与えられたとき，

$$\sqrt{(x-x_0)^2+(y-y_0)^2}\leqq\delta \quad\Longrightarrow\quad |w(x,y)-w(x_0,y_0)|\leqq\varepsilon$$

を満たす正数 δ がとれる. よって，$\mathrm{diam}(R_n)\leqq\delta$ を満たすように n を大きくとれば，

$$\left|\frac{1}{A(R_n)}\iint_{R_n}w(x,y)dxdy-w(x_0,y_0)\right|$$
$$\leqq\frac{1}{A(R_n)}\iint_{R_n}|w(x,y)-w(x_0,y_0)|dxdy\leqq\varepsilon$$

ゆえに，(5.38) が成り立つ.　∎

注意 5.35　上の証明では，R_n が長方形であることは，

$$R_n \text{ の面積が確定し，面積 } A(R_n)>0$$

となっていること以外に用いていない. したがって，上の定理で R_n は，例えば円板をとってもよい.

注意 5.36　上の密度定理は，1次元の場合，微分積分学の基本公式に対応する

ものである．実際，重み f つきの区間の長さ

$$L_f(a,b) = \int_a^b f(x)dx$$

を考えると，密度定理は，次の形になる：

$$\lim_{h\downarrow 0} \frac{1}{h} L_f(x, x+h) = \lim_{h\downarrow 0} \frac{1}{h} L_f(x-h, x) = f(x).$$

つまり，$F(x) = L_f(a, x)$ のとき，$F'(x) = f(x)$.

上の密度定理の応用として，変数変換による面積変化率を求めてみよう．

長方形 $R = \{(x, y) \mid a \le x \le b,\ c \le y \le d\}$ から平面への写像 $F: R \to \mathbb{R}^2$ を考え，$(u, v) = F(x, y)$ を座標ごとに

$$\begin{cases} u = \varphi(x, y) \\ v = \psi(x, y) \end{cases} \tag{5.39}$$

と表しておく．

定理 5.37　変換 F の座標表示(5.39)を与える関数 φ, ψ は C^1 級とする．長方形 R 上の任意の点 (x_0, y_0) に対して，この点を含み，R に含まれる長方形の列 R_n $(n \ge 1)$ が

$$\mathrm{diam}(R_n) \to 0 \qquad (n \to \infty)$$

を満たせば，

$$\lim_{n \to \infty} \frac{A(F(R_n))}{A(R_n)} = |J_F(x_0, y_0)|. \tag{5.40}$$

ただし，$J_F(x, y)$ は点 (x, y) での変換 F のヤコビ行列式である．つまり，

$$J_F(x, y) = \det \begin{bmatrix} \dfrac{\partial \varphi}{\partial x}(x, y) & \dfrac{\partial \varphi}{\partial y}(x, y) \\ \dfrac{\partial \psi}{\partial x}(x, y) & \dfrac{\partial \psi}{\partial y}(x, y) \end{bmatrix}. \tag{5.41}$$

□

注意　上の定理は，ヤコビ行列式が面積変化率であることを示している．なお，ヤコビ行列式の符号は，F が R_n の向きを保つとき，正で，R_n の向きを変え，R_n

を裏返しに $F(R_n)$ に移すとき，負である．また，$F(R_n)$ が "つぶれ" てしまうときには，ヤコビ行列式は 0 となる．

[証明] 必要ならば R_n を 4 分することにより，本質的に，次の場合に証明すればよい．

$$R_n = [x_0, x_0 + h_n] \times [y_0, y_0 + k_n]$$
$$= \{(x, y) \mid x_0 \leqq x \leqq x_0 + h_n,\ y_0 \leqq y \leqq y_0 + k_n\}$$
$$h_n \to 0, \quad k_n \to 0 \qquad (n \to \infty)$$

テイラーの定理により，$0 \leqq \xi, \eta \leqq 1$ のとき，

$$\varphi(x_0 + \xi h_n,\ y_0 + \eta k_n) - a - \xi p h_n - \eta q k_n = o(\sqrt{h_n^2 + k_n^2})$$
$$\psi(x_0 + \xi h_n,\ y_0 + \eta k_n) - b - \xi r h_n - \eta s k_n = o(\sqrt{h_n^2 + k_n^2})$$

が成り立つ．ただし，$a = \varphi(x_0, y_0)$, $b = \psi(x_0, y_0)$ と略記し，点 (x_0, y_0) でのヤコビ行列 $F'(x_0, y_0)$ の成分を

$$F'(x_0, y_0) = \begin{bmatrix} \dfrac{\partial \varphi}{\partial x}(x_0, y_0) & \dfrac{\partial \varphi}{\partial y}(x_0, y_0) \\ \dfrac{\partial \psi}{\partial x}(x_0, y_0) & \dfrac{\partial \psi}{\partial y}(x_0, y_0) \end{bmatrix} = \begin{pmatrix} p & q \\ r & s \end{pmatrix}$$

とおいた．したがって，Π_n で，4 頂点が

$$(a, b),\ (a + p h_n,\ b + r h_n),\ (a + q k_n, b + s k_n),\ (a + p h_n + q k_n,\ b + r h_n + s k_n)$$

である平行 4 辺形を表すと，次式が成り立つ：

$$|A(F(R_n)) - A(\Pi_n)| = o(\sqrt{h_n^2 + k_n^2}).$$

ところで，

$$A(\Pi_n) = |h_n k_n(ps - qr)| = |h_n k_n J_F(x_0, y_0)|$$
$$A(R_n) = |h_n k_n|$$

だから，

$$\lim_{n \to \infty} \frac{A(F(R_n))}{A(R_n)} = \lim_{n \to \infty} \frac{A(\Pi_n)}{A(R_n)} = |J_F(x_0, y_0)|.$$

例 5.38 (r, θ) 平面での長方形 $R = \{(r, \theta) \mid r_1 \le r \le r_2,\ \theta_1 \le \theta \le \theta_2\}$ の変換 $F:\ x = r\cos\theta,\ y = r\sin\theta$ による像を $\widetilde{R} = F(R)$ とすると，

$$A(\widetilde{R}) = \frac{1}{2}(\theta_2 - \theta_1)(r_2^2 - r_1^2) = \frac{r_2 + r_1}{2}(\theta_2 - \theta_1)(r_2 - r_1)$$

よって，次式が成り立つ：

$$\iint_{\widetilde{R}} dxdy = \int_{r_1}^{r_2} \int_{\theta_1}^{\theta_2} r\, d\theta dr\,.$$

□

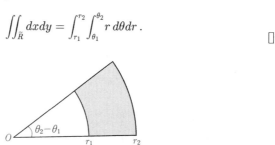

図 5.14

上の定理 5.34 と定理 5.37 を合わせると，次のことが従う．

定理 5.39 変換 F を与える関数 φ, ψ は C^1 級とし，f は長方形 R の像 $F(R)$ の上で積分可能とする．このとき，

$$\iint_{F(R)} f(u, v)dudv = \iint_R f(\varphi(x, y), \psi(x, y))\,|J_F(x, y)|dxdy\,. \quad (5.42)$$

これを，積分の変数変換の公式という．

[証明] $f:\ F(R) \to \mathbb{R}$ に対して，$\widetilde{f}:\ R \to \mathbb{R}$ を，

$$\widetilde{f}(x, y) = f(\varphi(x, y), \psi(x, y))$$

で定める．$\widetilde{f}$ を与えると，f がきまるから，

$$I(\widetilde{f}) = \iint_{F(R)} f(u, v)dudv$$

とおいて $\widetilde{f}$ の積分 $I(\widetilde{f})$ と考えると，その密度関数 w は定理 5.34 によって，

$$w(x, y) = |J_F(x, y)|$$

である．よって，定理 5.37 により，(5.42) が成り立つことがわかる．∎

注意 5.40 積分範囲は長方形 R に限らず，面積確定な有界閉集合 D にとっても上の定理 5.39 は成り立つ．

例 5.41 平面上の有界閉集合 D が面積確定ならば,

$$\iint_D f(x,y)dxdy = \iint_{\widetilde{D}} f(r\cos\theta, r\sin\theta)r\,drd\theta \qquad (5.43)$$

ただし,$\widetilde{D}$ は D を極座標で見たもの,つまり,

$$\widetilde{D} = \{(r,\theta) \mid (r\cos\theta, r\sin\theta) \in D\}. \qquad \Box$$

さらに,D が有界領域でない場合にも,D に含まれる面積確定な閉集合の増大列 $D_n\,(n\geqq 1)$ に対して,積分が

$$\iint_D f(x,y)dxdy = \lim_{n\to\infty} \iint_{D_n} f(x,y)dxdy \qquad (5.44)$$

として確定しているときには,積分の変数変換の公式が使える.とくに,(5.44) の右辺は,$f\geqq 0$ のときは,単調列の極限となる.よって,細かいことを気にせずに計算し,その極限が有限であることを確かめれば,積分値が求まる.

例 5.42 §1.4 の例題 1.35 は今や次のように計算することができる.

$$\left(\int_0^\infty e^{-x^2/2}dx\right)^2 = \iint_{x\geqq 0,\ y\geqq 0} e^{-(x^2+y^2)/2}dxdy = \iint_{r\geqq 0,\ 0\leqq\theta\leqq\pi/2} e^{-r^2/2}r\,drd\theta$$

$$= \frac{\pi}{2}[-e^{-r^2/2}]_{r=0}^\infty = \frac{\pi}{2}\,. \qquad \Box$$

問 11 $F(t) = \displaystyle\int_0^\infty e^{-tx^2}\cos(x^2)dx,\ G(t) = \displaystyle\int_0^\infty e^{-tx^2}\sin(x^2)dx$ のとき,次式を示せ.

$$F(t)^2 - G(t)^2 = \frac{\pi}{4}\frac{t}{1+t^2},\quad 2F(t)G(t) = \frac{\pi}{4}\frac{1}{1+t^2}\,.$$

ただし,もちろん $t>0$ とする.

例題 5.43 $p,q,s>0$ のとき,

$$B(p,q) = \int_{0+}^{1-} x^{p-1}(1-x)^{q-1}dx \qquad (\text{ベータ関数})$$

$$\Gamma(s) = \int_{0+}^\infty x^{s-1}e^{-x}dx \qquad (\text{ガンマ関数})$$

とおくと，次式が成り立つことを示せ:

$$B(p,q) = \frac{\Gamma(p)\Gamma(q)}{\Gamma(p+q)}\,.$$

[解]　$x = vu,\ y = (1-v)u\ (u > 0,\ 0 < v < 1)$ のときに，$\left|\dfrac{\partial(x,y)}{\partial(u,v)}\right| = u$ だから，

$$\begin{aligned}
\Gamma(p)\Gamma(q) &= \left(\int_{0+}^{\infty} x^{p-1}e^{-x}dx\right)\left(\int_{0+}^{\infty} y^{q-1}e^{-y}dy\right) \\
&= \iint_{x,y>0} x^{p-1}y^{q-1}e^{-x-y}dxdy \\
&= \iint_{u>0,\ 0<v<1} (vu)^{p-1}((1-v)u)^{q-1}e^{-u}u\,dudv \\
&= \int_{0}^{1} v^{p-1}(1-v)^{q-1}dv \int_{0}^{\infty} u^{p+q-1}e^{-u}du = B(p,q)\Gamma(p+q)\,.
\end{aligned}$$

問 12　$B\left(\dfrac{1}{2},\dfrac{1}{2}\right) = \pi$ を確かめ，$\Gamma\left(\dfrac{1}{2}\right) = \sqrt{\pi}$ を示せ.

問 13　$p,q > 0$ で f が連続なとき，次式を示せ.

$$\iint_{x,y>0,\ x+y\leqq 1} f(x+y)x^{p-1}y^{q-1}dxdy = \frac{\Gamma(p)\Gamma(q)}{\Gamma(p+q)}\int_{0}^{1} f(x)x^{p+q-1}dx\,.$$

最後に恐ろしく巧妙な計算手法を紹介する[*1]. なお，これとは逆に，積分を級数に直すとよいこともある.

例題 5.44　次の等式を示せ.

$$\sum_{n=0}^{\infty} \frac{1}{(2n+1)^2} = \int_{0}^{1}\int_{0}^{1} \frac{dxdy}{1-x^2y^2} = \frac{\pi^2}{8}\,.$$

注意　$\zeta(2) = \sum\limits_{n=1}^{\infty} \dfrac{1}{n^2} = \sum\limits_{n=0}^{\infty} \dfrac{1}{(2n+1)^2} + \sum\limits_{n=1}^{\infty} \dfrac{1}{4n^2} = \dfrac{4}{3}\sum\limits_{n=0}^{\infty}\left(\dfrac{1}{2n+1}\right)^2 = \dfrac{\pi^2}{6}$.

[解]　まず，

---

*1　D. Zwillinger, *Handbook of integration*, Jones and Bartlett Publishers, Boston, London, 1992, pp. 37–38.

$$\sum_{n=0}^{\infty} \frac{1}{(2n+1)^2} = \sum_{n=0}^{\infty} \left(\int_0^1 x^{2n} dx \right)^2 = \sum_{n=0}^{\infty} \int_0^1 \int_0^1 (xy)^{2n} dx dy$$

$$= \int_0^1 \int_0^1 \frac{dx dy}{1 - x^2 y^2}.$$

次に, $x = \dfrac{\sin u}{\cos v}$, $y = \dfrac{\sin v}{\cos u}$ $(u, v > 0,\ u + v < \pi/2)$ と変数変換すると,

$$\left| \frac{\partial(x, y)}{\partial(u, v)} \right| = \begin{vmatrix} \dfrac{\cos u}{\cos v} & \dfrac{\sin u \sin v}{\cos^2 v} \\ \dfrac{\sin v \sin u}{\cos^2 u} & \dfrac{\cos v}{\cos u} \end{vmatrix} = 1 - \frac{\sin^2 u \sin^2 v}{\cos^2 u \cos^2 v} = 1 - x^2 y^2$$

だから,

$$\int_0^1 \int_0^1 \frac{dx dy}{1 - x^2 y^2} = \iint_{u, v > 0,\ u + v < \pi/2} \frac{1 - x^2 y^2}{1 - x^2 y^2} du dv$$

$$= \iint_{u, v > 0,\ u + v < \pi/2} du dv = \frac{\pi^2}{8}.$$

∎

§5.5 線 積 分

2変数の場合, 線積分とは, 曲線 C と関数 f, g に対して,

$$\int_C \omega \quad \text{ただし,}\ \omega = f(x, y) dx + g(x, y) dy\ \text{と略記} \tag{5.45}$$

と表される積分で, 曲線 C が C^1 級の助変数表示

$$x = \varphi(t), \quad y = \psi(t), \quad a \leqq t \leqq b \tag{5.46}$$

をもつときには, 次のように書けるものである:

$$\int_C \omega = \int_a^b \{ f(\varphi(t), \psi(t)) \varphi'(t) + g(\varphi(t), \psi(t)) \psi'(t) \} dt. \tag{5.47}$$

歴史的には, 力学における仕事の概念などから生まれた線積分は, 以下の定理 5.46 で見るように, 微分積分学の基本公式のもうひとつの一般化を与えるものである.

線積分 $\displaystyle\int_C \omega$ は，以下のようにして定義される．

曲線 C は始点 A，終点 B をもつものとし，C の分割

$$\Delta : P_0 = A,\ P_1,\ P_2,\ \cdots,\ P_{n-1},\ P_n = B \tag{5.48}$$

と，点 $Q_i \in \overset{\frown}{P_{i-1}P_i}$ $(i=1,2,\cdots,n)$ に対して，和

$$\sum_{i=1}^{n}\{f(Q_i)(x_i - x_{i-1}) + g(Q_i)(y_i - y_{i-1})\} \tag{5.49}$$

を考える．ただし，(x_i, y_i) は点 P_i の座標とする．ここで，

$$\mathrm{mesh}(\Delta) = \max_{1 \leq i \leq n} L(\overset{\frown}{P_{i-1}P_i})$$

とおく．

定義 5.45　和 (5.48) が，$\mathrm{mesh}(\Delta) \to 0$ のとき，点 $Q_i \in \overset{\frown}{P_{i-1}P_i}$ $(1 \leq i \leq n)$ の選び方によらずに極限をもつならば，その極限を $\displaystyle\int_C \omega$ と書き，曲線 C 上での微分形式 $\omega = f\,dx + g\,dy$ の **線積分** という．　　　　□

定理 5.46　C が長さをもつ曲線で，f, g が連続ならば，線積分 $\displaystyle\int_C (f\,dx + g\,dy)$ が存在する．　　　　□

この定理の証明は後回しにして，線積分に関して最も重要な定理を述べよう．

定理 5.47　ω が全微分形式のとき，つまり，ある C^1 級関数 F によって，

$$\omega = dF \quad \text{つまり} \quad f = \frac{\partial F}{\partial x}, \quad g = \frac{\partial F}{\partial y} \tag{5.50}$$

と書けるとき，始点 A，終点 B の長さをもつ連続曲線 C に対して，次式が成り立つ：

$$\int_C dF = F(B) - F(A). \tag{5.51}$$

　　　　□

注意 5.48　C が C^1 級曲線で，助変数表示 (5.46) で与えられるときに，左辺は (5.47) で与えられるから，(5.50) より，

$$\int_C dF = \int_a^b \left(\frac{d}{dt}F(\varphi(t), \psi(t))\right)dt = F(\varphi(b), \psi(b)) - F(\varphi(a), \psi(a))$$
$$= F(B) - F(A)$$

となる. つまり, このとき(5.51)は微分積分学の基本公式そのものである. なお,
力学としては, (5.51)は, 保存力の場合の仕事とポテンシャルの関係式である.

[定理5.46の証明] f, g は連続であるから,

$$\omega(\delta) = \sup\{\sqrt{(f(P)-f(Q))^2 + (g(P)-g(Q))^2} \mid P, Q \in C, \ PQ < \delta\}$$

とおくと, $\lim_{\delta \to 0} \omega(\delta) = 0$ が成り立つ.

さて, 分割 Δ に対して, $\mathrm{mesh}(\Delta) = \delta$ のとき, 弧 $\overparen{P_{i-1}P_i}$ 上にどんな点 Q_i
を選んでも,

$$P_i Q_i \leqq L(\overparen{P_i Q_i}) \leqq L(\overparen{P_{i-1}P_i}) \leqq \delta$$

が成り立つ. したがって,

$$\left| \sum_{i=1}^{n} \{f(Q_i)(x_i - x_{i-1}) + g(Q_i)(y_i - y_{i-1})\} \right.$$
$$- \left. \sum_{i=1}^{n} \{f(P_i)(x_i - x_{i-1}) + g(P_i)(y_i - y_{i-1})\} \right|$$
$$= \left| \sum_{i=1}^{n} \{(f(Q_i) - f(P_i))(x_i - x_{i-1}) + (g(Q_i) - g(P_i))(y_i - y_{i-1})\} \right|$$
$$\leqq \sum_{i=1}^{n} \sqrt{(f(Q_i) - f(P_i))^2 + (g(Q_i) - g(P_i))^2} \cdot \sqrt{(x_i - x_{i-1})^2 + (y_i - y_{i-1})^2}$$
$$\leqq \delta \sum_{i=1}^{n} \sqrt{(x_i - x_{i-1})^2 + (y_i - y_{i-1})^2} = \omega(\delta)\, l(\Delta) \leqq \omega(\delta) L(C)$$

よって, $\omega(\delta) \to 0$ とすれば, (5.49)の極限は, (もしあれば)点 $Q_i \in \overparen{P_{i-1}P_i}$
の選び方によらないことがわかる.

そこで, 分点として $Q_i = P_i$ をとることにして,

$$I_\Delta = \sum_{i=1}^{n} \{f(P_i)(x_i - x_{i-1}) + g(P_i)(y_i - y_{i-1})\} \tag{5.52}$$

とおく.

分割 Δ の細分 Δ' をとり, $\overparen{P_{i-1}P_i}$ が分点 $P_i'(x_j', y_j')$ $(j = k_{i-1}+1, k_{i-1}+2,$
$\cdots, k_i)$ により分割されているとすると,

$$\left| \sum_{j=k_{i-1}+1}^{k_i} \{ f(P'_j)(x'_j - x'_{j-1}) + g(P'_j)(y'_j - y'_{j-1}) \} \right.$$

$$\left. - \{ f(P_i)(x_i - x_{i-1}) + g(P_i)(y_i - y_{i-1}) \} \right|$$

$$= \left| \sum_{j=k_{i-1}+1}^{k_i} \{ (f(P'_j) - f(P_i))(x'_j - x'_{j-1}) + (g(P'_j) - g(P_i))(y'_j - y'_{j-1}) \} \right|$$

$$\leqq \omega(\delta) \sum_{j=k_{i-1}+1}^{k_i} \sqrt{(x'_j - x'_{j-1})^2 + (y'_j - y'_{j-1})^2} \leqq \omega(\delta) L(\overparen{P_{i-1}P_i})$$

したがって，Δ' が Δ の細分のとき，

$$|I_{\Delta'} - I_\Delta| \leqq L(C)\,\omega(\mathrm{mesh}(\Delta)) \tag{5.53}$$

これから，2つの分割 Δ_1, Δ_2 に対して，

$$|I_{\Delta_1} - I_{\Delta_2}| \leqq L(C)\{\omega(\mathrm{mesh}(\Delta_1)) + \omega(\mathrm{mesh}(\Delta_2))\} \tag{5.54}$$

が成り立つことがわかる．実際，Δ_1, Δ_2 の共通の細分を Δ' として，(5.53) を用いれば (5.54) が従う．

よって，$\mathrm{mesh}(\Delta) \to 0$ のとき，I_Δ の極限が存在する． ∎

［定理 5.47 の証明］ $f = \dfrac{\partial F}{\partial x}$, $g = \dfrac{\partial F}{\partial y}$ として，定理 5.46 の証明と同じ記号を用いる．F は C^1 級だから，

$$|F(P_i) - F(P_{i-1}) - \{ f(P_i)(x_i - x_{i-1}) + g(P_i)(y_i - y_{i-1}) \}|$$
$$\leqq \omega(\delta) L(\overparen{P_{i-1}P_i}).$$

よって，

$$|F(B) - F(A) - I_\Delta| \leqq L(C)\,\omega(\delta), \quad \delta = \mathrm{mesh}(\Delta)$$

ゆえに，

$$F(B) - F(A) = \int_C dF.$$
∎

例題 5.49 曲線 C は長さをもつ閉曲線で，自分自身と交わる点（自己交点）はないものとし，C に囲まれた領域を D とするとき，次式を示せ．

$$\int_C \frac{1}{2}(x\,dy - y\,dx) = \iint_D dx\,dy \tag{5.55}$$

ただし，C は領域 D を正の向き（反時計回り）にまわるものと仮定する．

　[解]　次の2つを証明すればよい．

$$\int_C x\, dy = \iint_D dx dy, \quad \int_C y\, dx = -\iint_D dx dy \tag{5.56}$$

この2つで符号が異なるのは右手系と左手系の違いのためで，その証明は同様なので，第2のもののみを示す．

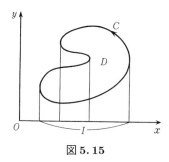

図 5.15

　D の x 軸への射影を I とすれば，C が閉曲線だから，I は区間である（図 5.15）．$x \in I$ のとき，x 上の縦線集合はひとつの区間とは限らないが，区間 I を適当な部分区間に分割することにより，次の場合に証明すればよい．

$$D = \{(x,y) \mid a \leqq x \leqq b,\ \alpha(x) \leqq y \leqq \beta(x)\}$$

ただし，

$$\alpha, \beta : [a,b] \to \mathbb{R}\ \text{は連続で，} \quad \alpha(x) \leqq \beta(x).$$

このとき，C は次の4つの部分に分けられる（図5.16）：

$$C_1 : y = \alpha(x),\ a \leqq x \leqq b$$

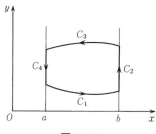

図 5.16

$$C_2 : \alpha(a) \leqq y \leqq \beta(a)$$
$$C_3 : y = \beta(b-t),\ 0 \leqq t \leqq b-a$$
$$C_4 : y = \beta(b) - t,\ 0 \leqq t \leqq \beta(b) - \alpha(b)$$

それぞれの上での線積分を求めると，

$$\int_{C_2} y\,dx = \int_{C_4} y\,dx = 0,$$
$$\int_{C_1} y\,dx = \int_a^b \alpha(x)dx, \quad \int_{C_3} y\,dx = -\int_a^b \beta(x)dx$$

ゆえに，

$$\int_C y\,dx = \int_{C_1} y\,dx + \int_{C_2} y\,dx + \int_{C_3} y\,dx + \int_{C_4} y\,dx$$
$$= \int_a^b \alpha(x)dx - \int_a^b \beta(x)dx = -\int_a^b (\beta(x) - \alpha(x))dx$$
$$= -A(D) = -\iint_D dxdy\,.$$

例 5.50　サイクロイド $x = t - \sin t,\ y = 1 - \cos t\ (0 \leqq t \leqq 2\pi)$ と x 軸で囲まれた領域の面積は，

$$\int_0^{2\pi} y\,dx = \int_0^{2\pi} (1 - \cos t)d(t - \sin t) = \int_0^{2\pi} (1 - \cos t)^2 dt = 3\pi\,. \qquad \square$$

問 14　円周 $x = a\cos\theta,\ y = a\sin\theta\ (0 \leqq \theta \leqq 2\pi)$ 上の線積分を利用して，円板 $x^2 + y^2 \leqq a^2$ の面積を求めよ.

上の例題と同じように計算すると，f, g が C^1 級関数のとき，

$$\int_C g(x,y)dy = \iint_D \frac{\partial g}{\partial x}(x,y)dxdy,$$
$$\int_C f(x,y)dx = -\iint_D \frac{\partial f}{\partial y}(x,y)dxdy$$

となる．よって，次のことがいえる.

定理 5.51 (グリーン(Green)の公式) C が長さをもつ閉曲線で, 自己交点はないものとし[*2], C に囲まれた領域を D とする. このときには, $\omega = f\,dx + g\,dy$ で, f, g が C^1 級のとき,

$$\int_C \omega = \iint_D d\omega \,.$$

ただし, C は D を正の向きに囲むものとし, $d\omega = \left(\dfrac{\partial g}{\partial x} - \dfrac{\partial f}{\partial y}\right)dxdy$ と略記した. □

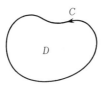

図 5.17

例 5.52 u が C^2 級関数で, $\Delta u = \dfrac{\partial^2 u}{\partial x^2} + \dfrac{\partial^2 u}{\partial y^2} = 0$ のとき, C^1 級の閉曲線 C に対して,

$$\int_C \left(\frac{\partial u}{\partial x}dy - \frac{\partial u}{\partial y}dx\right) = 0 \,.$$

実際, $\omega = \dfrac{\partial u}{\partial x}dy - \dfrac{\partial u}{\partial y}dx$ のとき,

$$d\omega = \left(\frac{\partial^2 u}{\partial x^2} + \frac{\partial^2 u}{\partial y^2}\right)dxdy = 0 \,.$$

□

問15 u, v が C^2 級関数のとき, 次式が成り立つことを示せ.

$$\int_D (v\Delta u - u\Delta v)dxdy = \int_C \left(v\frac{\partial u}{\partial r} - u\frac{\partial v}{\partial r}\right)d\theta$$

ただし, $D = \{(x, y) \mid x^2 + y^2 < 1\}$, $C = \{(\cos\theta, \sin\theta) \mid 0 \le \theta < 2\pi\}$.

注意 5.53 上の定理 5.51 は, 将来, 微分積分学の基本公式の平面版と考えることになる.

[*2] C が自己交点をもつときは, 自己交点をもたない閉曲線に分ければ, 定理が使える.

《まとめ》

5.1　長さ，面積などの理解，一般の平面図形上での(広義)積分，線積分など積分概念の拡張およびその性質.

5.2　主な用語・事項

長さをもつ曲線，面積をもつ平面図形，曲面の面積，面積確定な有界閉集合上での積分，フビニの定理，リーマン積分，球の体積などの積分計算，平面上での広義積分とその計算，重みつき積分，密度定理，積分の変数変換，$B(p,q) = \Gamma(p)\Gamma(q)/\Gamma(p+q)$ などの計算，線積分，面積を表す線積分，グリーンの公式.

——————— 演習問題 ———————

5.1　次の等式を示せ.

(1)　$\displaystyle\iint\cdots\int_{x_i \geqq 0,\ \sum_{i=1}^{4} x_i \leqq a} dx_1 dx_2 dx_3 dx_4 = \frac{a^4}{4!}$

(2)　$\displaystyle\iint\cdots\int_{\sum_{i=1}^{5} x_i^2 \leqq a^2} dx_1 dx_2 dx_3 dx_4 dx_5 = \frac{8}{15}\pi^2 a^5$

5.2　次の積分を求めよ.

(1)　$\displaystyle\iint_{\frac{x^2}{a^2} + \frac{y^2}{b^2} \leqq 1} (x^2+y^2)dxdy$

(2)　$\displaystyle\iint_{x>0,\ y>0,\ x+y\leqq 1} x^{p-1}y^{q-1}dxdy = \frac{\Gamma(p)\Gamma(q)}{\Gamma(p+q+1)}$

5.3　次の積分を求めよ.

(1)　$\displaystyle\iint_{x\geqq 0,\ y\geqq 0} e^{-(x^2+y^2+2xy\cos\alpha)}dxdy \quad (0<\alpha<\pi)$

(2)　$\displaystyle\iiint_{x^2+y^2+z^2 \leqq 1} \frac{dxdydz}{\sqrt{1-x^2-y^2-z^2}}$

5.4　$f(x)\ (x>0)$ が連続で，$f(x)\geqq 0,\ a>0,\ b>0$ のとき次式を示せ.

(1)　$\displaystyle\int_0^\infty xf(x)dx < \infty$ のとき，

$$\iint_{x,y>0} f(a^2x^2 + b^2y^2)dxdy = \frac{\pi}{4ab}\int_0^\infty xf(x)dx$$

(2)　$\displaystyle\iint_{x^2+y^2<1} \frac{f(ax+by)}{\sqrt{1-x^2-y^2}}dxdy = \pi\int_0^\pi f(\sqrt{a^2+b^2}\cos\theta)\sin\theta\, d\theta$

5.5　葉状形 $x^3 - 3axy + y^3 = 0$ のループの部分で囲まれた面積と，漸近線

$x+y=-a$ とこの曲線で囲まれた部分の面積は，ともに $\dfrac{3}{2}a^2$ であることを示せ.

5.6 3 点 $(a,a'),(b,b'),(c,c')$ を頂点とする 3 角形の周を C とする．次の線積分を求めよ.

(1) $\displaystyle\int_C \dfrac{1}{2}(x\,dy-y\,dx)$ (2) $\displaystyle\int_C x^2 dy$ (3) $\displaystyle\int_C y^2 dx$

現代数学への展望

20 世紀に入って無限が数学の対象となり，とくに，最後の 3 分の 1 に入って，無限次元の世界での代数，幾何，解析の展開が顕著なものとなる．原稿を書き終えた後に，本分冊もまたこの時代の空気の影響を受けていることに改めて気付いた．

微分積分学は，現代数学のほとんどすべての分野に必須の基礎である．同時に，既成の理論が使えないまったく新しい問題を切り開くときに，最後に頼りになるのも微分積分であることがよくある．さらに，本書の範囲だけでも，応用の場面では役に立つことも多いはずである．微分積分とそこで培われたものの広がりはあまりに広く，短い展望でそのすべてを述べることは筆者にはできない．また，本シリーズの微分と積分に関する 4 冊（『微分と積分 1, 2』『現代解析学への誘い』『複素関数入門』）に関しては『微分と積分 1』の展望に述べられているので，ここでは，その少し先について述べる．

第 1 章で扱った，単関数近似による積分は，リーマン積分の簡易版であるが，将来，本格的に数学を勉強する際には必ず出会うルベーグ積分，さらには，無限次元の空間の上での積分に入りやすい形でもある．このような方向については，岩波講座『現代数学の基礎』において，「実関数と Fourier 解析 1, 2」でより深められ，「測度と確率 1, 2」で本格的なものとなる．

関数の連続性の定義は，積分や一様収束の概念と相性のよいものであり，それゆえに，長い前史の後に，第 2 章で述べた形に定着したものである．しかし，一方で，囲み記事にした「カントール関数」も連続関数の仲間に入る．この種の関数や曲線が続々と発見された今世紀はじめには，これを病的なものと排斥した数学者も多かったが(例えば，H. ポアンカレ)，しかし，今日では物理や工学からも積極的に注目され，フラクタル(fractal)という名のもとに数学の対象を広げることになった．

　微分とは本質的に 1 次近似であり，その重要さは言うまでもないが，これを 2 回繰り返した 2 次近似の理解は基本的なものであり，『曲面の幾何』『行列と行列式』の内容と密接な関係がある．また，『力学と微分方程式』『解析力学と微分形式』に現れてくる変分法は，無限次元版の微分法である．

　第 5 章で述べた微分積分学の基本公式の多次元への拡張の 2 つの方向のうち，長さ，面積から線積分，グリーンの公式とつながる方向については，『現代解析学への誘い』『電磁場とベクトル解析』『解析力学と微分形式』へと読み進んでほしい．またもうひとつの密度積分については，岩波講座『現代数学の基礎』「測度と確率 1, 2」で扱われることになる．

　この分冊ではふれる余裕がなかったが，19 世紀初頭に発見され，今日では物理や工学でも日常的に使われているフーリエ級数の研究が，積分というものの深さと有用性の発見につながったように思われる．有界閉区間上ではすべての連続関数が(無限個の)波の重ね合わせ(線形結合)として表すことができ，例えば，等式

$$x = 2\left(\sin x - \frac{1}{2}\sin 2x + \frac{1}{3}\sin 3x - \cdots\right) \quad (-\pi < x < \pi),$$

とくに，$x = \pi/2$ のとき，

$$\frac{\pi}{4} = 1 - \frac{1}{3} + \frac{1}{5} - \frac{1}{7} + \cdots$$

が，次の積分計算から導かれることは，やはり不思議なことであろう．

$$\int_{-\pi}^{\pi} x \sin nx\, dx = (-1)^{n-1}\frac{2\pi}{n}.$$

このような内容については，岩波講座『現代数学の基礎』「実関数と Fourier 解析 1, 2」で扱われる．

　第 4 章での最大最小や曲線の追跡は，結局次のことに基づいている．曲線 $y = f(x)$ や曲面 $z = f(x, y)$ においては，f の臨界点がすべて非退化ならば，これらの点での臨界値とヘッセ行列を調べれば，その全体の形状がわかる．このような，局所的(local)な情報から大域的(global)な知見が得られるという認識は今世紀になって無限次元にまで飛躍し，モース理論と呼ばれるもの

が誕生し，まず，幾何学として発展し，その後，他の分野にも多大の影響を与えることになった(例えば，岩波講座『現代数学の基礎』「Morse 理論の基礎」，岩波講座『現代数学の展開』「非線形問題」).

　微分にくらべて，積分はより抽象の度合いの高い概念である．また，多項式や三角関数などから，一般的な関数概念が誕生するまでにも長い年月を要している．一般に抽象的なものを明確につかみだすには，手がかりが必要である．第1章と第5章で，次のことが繰り返し使われていることに気付いた読者は，その洞察力に自信を持ってよい．「積分の間の等式は，単関数について成り立つならば，すべての積分可能な関数に対して成り立つ.」(米英語では，このような原理を good function principle ということもある.)

　この原理は，第2章で述べたワイエルシュトラスの多項式近似定理を用いるとき次のようになる．「有界閉区間上での積分の間の等式は，多項式に対して成り立つならば，すべての積分可能な関数に対して成り立つ.」

　この種の原理は，より複雑なもの，より抽象度の高いものへと進んでいくときの道標となる．振り返ってみれば，実数を定めるときに用いられている10進表示も，有理数の列を数直線上に並べたときの行き先，つまり，極限として実数を定めることを表現したものであり，このような原理の原型と言ってもよいかもしれない．

参 考 書

最初に，古典的名著を挙げておく．

1. E. T. Whittaker and G. N. Watson, *A course of modern analysis*, 4th ed., Cambridge Univ. Press, 1935.

2. 高木貞治，解析概論(改訂第三版)，岩波書店，1983.

3. 寺沢寛一，自然科学者のための数学概論(増訂版)，岩波書店，1983.

4. L. シュヴァルツ，解析学 1, 2, 3, 齋藤正彦他訳，東京図書，1971.

次のものは，この分冊では書けなかった微分や積分の心を語りかけてくれる．

5. 志賀浩二，数学が育っていく物語(全 6 冊)，岩波書店，1994.

6. 志賀浩二，微分・積分 30 講，朝倉書店，1987.

この講座では，互いに議論を重ねて分担執筆したが，その良い面も悪い面もある．ひとりの数学者の目を通して見た微分積分学の全体像，論理の展開を知りたい読者には，やはり，この講座を読了後に，次のいずれかにふれることを勧める．

7. 小平邦彦，解析入門，岩波書店，1991.

8. 溝畑茂，数学解析(上・下)，朝倉書店，1976.

微分積分学に関する教科書にはさまざまな工夫がされたものも数多いが，以下，今回改めて参照したもののみを挙げる．

まず，次の教科書にはおよそすべてのことが書かれている．

9. 杉浦光夫，解析入門 I, II，東京大学出版会，1980, 1985.

次の 2 冊は，工夫して書かれた標準レベルの教科書で，数学の使われ方を意識している．なお，10 は本分冊執筆後に，訳本が出版された．

10. P. ラックス他，解析学概論 応用と数値計算とともに I, II，中神祥臣他訳，現代数学社，1995(原著 1976).

11. 垣田高夫，笠原皓司，広瀬健，森毅，微分積分，日本評論社，1993.

少し古いが，次の演習書は数多くの問題を集めていて解答も詳しい．まず計算から入るのも微分積分の理解の一方法かもしれない．

12. 宇野利雄，鈴木七緒，安岡善則，微分積分学 I, II，共立出版，1956.

問 解 答

第1章

問3 自明.

問4 $(y^2-x^2)/(y-x)=y+x$

問5 $|x|^p=\max_a\{p|a|^{p-1}(x-a)+a^p\}$ (注. $f(x)\geqq 0$, $0<p<1$ ならば不等号の向きが逆転する.)

問6 (1) $n^{-1}-n^{-2}\log(1+n)\to 0$ (2) $n^{-1/2}\arctan n^{1/2}\to 0$

問7 $0<t<1$ のとき, すべての自然数 n に対して, $(n+1)t^n\leqq M$ をみたす正数 M がとれる. よって, $|x|<|y|<r$ のとき ($t=|x|/|y|$ として), $|b_n||x|^n\leqq M|a_n||y|^n$ ($n\geqq 0$).

問8
$$\int_0^1 dy\int_0^1 x(1+xy)^{-2}dx=\int_0^1 y^{-2}\{\log(1+y)-y(1+y)^{-1}\}dy$$
$$=-y^{-1}\{\log(1+y)-y(1+y)^{-1}\}|_0^1+\int_0^1(1+y)^{-2}dy$$
$$=-(\log 2-1/2)+1/2=1-\log 2$$

問9 $x=e^{-t}$

問10
$$\int_0^1 x^\alpha\log x\,dx=(\alpha+1)^{-1}x^{\alpha+1}\log x|_0^1-(\alpha+1)^{-1}\int_0^1 x^{\alpha+1}\cdot x^{-1}dx=-(\alpha+1)^{-2}$$

問11 帰納法による.

第2章

問1 $\sum\limits_{k=1}^\infty k^{-p}=\sum\limits_{m=0}^\infty\sum\limits_{k=2^m}^{2^{m+1}-1}k^{-p}\geqq\sum\limits_{m=0}^\infty 2^m\cdot 2^{-mp}=\sum\limits_{m=0}^\infty 2^{(1-p)m}=\infty$

問2 $\alpha=\inf\limits_{n\geqq 1}\dfrac{a_n}{n}$ として, $a'_n=a_n-n\alpha$ を考えると, 例題 2.8 が使える形になる.

問4 $\alpha=\limsup\limits_{n\to\infty}a_n$ の定義より, $\alpha\leqq\lim\limits_{k\to\infty}\bar{a}_k$ は明らか. 一方, 上限の定義より, $n_1<n_2<\cdots$ で, $\bar{a}_k-k^{-1}<a_{n_k}\leqq\bar{a}_k$ をみたす a_{n_k} がとれるから, $\lim\limits_{k\to\infty}a_{n_k}=\lim\limits_{k\to\infty}\bar{a}_k$. よって, この列 $\{a_{n_k}\}$ が上極限 α の値を与える部分列となっている.

問5 証明略. (注. 正しくは, $\|x+y\|^2+\|x-y\|^2=2(\|x\|^2+\|y\|^2)$ が中線定理で, これが成り立つと, 内積をノルムから定義することができる.)

第3章

問 1　x, y, z 切片が a, b, c の平面となる．図略．

問 2　図 3.2 の上下を反転すればよい．

問 3　川は xz 平面との交線，分水嶺は yz 平面との交線．

問 4　$x = \cos\theta$, $y = \sin\theta$ とおいて調べればよい．（§3.4 の後半で一般の場合が示される．）

問 5　$x = x' - p$, $y = y' - q$, $z = z' - r$ を代入して調べよ．

問 7　式 (3.12) 上の点 (x_0, y_0, z_0) を通るものは，
$$z_0 \big/ \sqrt{c^2 + z_0^2} = \cos\varphi, \quad x_0 = a\sqrt{c^2 + z_0^2}\,\cos\theta / c, \quad y_0 = b\sqrt{c^2 + z_0^2}\,\sin\theta / c$$
として，
$$x = x_0 + at\cos(\theta \pm \varphi), \ y = y_0 + bt\sin(\theta \pm \varphi), \ z = z_0 + ct \ (t \in \mathbb{R}) \ (複号同順).$$

問 8　略．（1 対 1 対応であることに注意．）

問 9　$f(r\cos\theta, r\sin\theta) = \sin 2\theta \ (r > 0)$, $f(0, 0) = 0$ に留意せよ．

問 10　$\partial(\partial f/\partial x)/\partial y = -2y \neq \partial(\partial f/\partial y)/\partial x = 2y$ だから，このような C^2 級関数は存在しない．

問 11　$Q(x) = \big((x_1 - x_3)/\sqrt{2}\big)^2 + (1 + \sqrt{2})\big((x_1 + \sqrt{2}\,x_2 + x_3)/2\big)^2 + (1 - \sqrt{2}) \cdot \big((x_1 - \sqrt{2}\,x_2 + x_3)/2\big)^2$, 固有値 1, $1 \pm \sqrt{2}$ より，$p = 2$, $z = 0$, $n - p - z = 1$.

第4章

問 3　$(cD_1 + D_2)(-cD_1 + D_2)u = (cD_1 + D_2)(-cD_1 u + D_2 u) = cD_1(-cD_1 u + D_2 u) + D_2(-cD_1 u + D_2 u) = -c^2 D_1^2 u + cD_1 D_2 u - cD_2 D_1 u + D_2^2 u = -c^2 D_1^2 u + D_2^2 u$. $\partial^2 u/\partial\xi\partial\eta = 0$ は明らかであろう．これより $\partial u/\partial\eta = \varphi(\eta)$, $u = \displaystyle\int_{\eta_0}^{\eta} \varphi(y)dy + \psi(\xi)$ の形になる．このとき，
$$u(x, 0) = \int_{\eta_0}^{x} \varphi(y)dy + \psi(x) = f(x), \ \partial u/\partial t(x, 0) = -c\varphi(x) + c\psi'(x) = g(x)$$
とすれば，$\varphi(x) + \psi'(x) = f'(x)$, $-\varphi(x) + \psi'(x) = g(x)/c$ より，$\varphi(x) = \{f'(x) - g(x)/c\}/2$, $\psi'(x) = \{f'(x) + g(x)/c\}/2$. ゆえに，(4.12) を得る．

問 4　(1) $\operatorname{int} D^c = D^c \backslash \partial(D^c) = D^c \backslash \partial D = D^c \cap (\partial D)^c = (D \cup \partial D)^c = \bar{D}^c$. (2) 同様．

問 5　閉円板 $x^2 + y^2 \leqq 1$ の内部で f は臨界点 $(0, 0)$, 臨界値 0 をもつ．円周上では，$f(\cos\theta, \sin\theta) = 1 + a\sin 2\theta \ (0 \leqq \theta < 2\pi)$. その最大値は $1 + |a|$, 最小値は $1 - |a|$. ゆえに，

$$\max_{x^2+y^2\leqq 1} f = 1+|a|, \quad \min_{x^2+y^2\leqq 1} f = \begin{cases} 1-|a| & (|a| \geqq 1) \\ 0 & (|a| < 1) \end{cases}$$

問 6 (a) s を半周とし, $f(x,y)=\sqrt{s(s-x)(s-y)(x+y-s)}$ を $D=\{(x,y) \mid 0\leqq x, y\leqq s\leqq x+y\}$ で考えることになる. D の内部での f の臨界点は $(x,y)=(2s/3,2s/3)$, 臨界値は $3^{-3/2}s^2$ である. 一方, ∂D 上では $f=0$. よって, $\max_D f =3^{-3/2}s^2$. (b) $n=3$.

問 10 原点を通る円 $(x-a)^2+y^2=a^2$.

問 11 $x^3-3xy+y^3=0$ より, $(x^2-y)+(y^2-x)y'=0$. よって, $y'=0$ なら $x^2=y$. すると, $x^3-3xy+y^3=y(y^2-2x)=0$. これより, $x=y=0$ または $(x,y)=(2^{1/3},2^{2/3})$. よって, y 座標の極大値は $2^{2/3}$. 対称性より, x 座標の極大値も $2^{2/3}$.

問 12 卵形線上の点を (x,y) とすると, $\sqrt{(x+a)^2+y^2}\sqrt{(x-a)^2+y^2}=k^2$, つまり, $(x^2+y^2+a^2)^2-4a^2x^2=k^4$. とくに, $k^2=a^2$ ならば, $(x^2+y^2)^2+2a^2(y^2-x^2)=0$. (極座標を用いると, $r^2=2a^2\cos 2\theta$.) よって, 原点は連珠形の上にあり, この点で 2 接線 $y=\pm x$ をもつから結節点. $d^2((x^2+y^2)^2+2a^2(y^2-x^2))=(3x^2+y^2-a^2)(dx)^2+4xydxdy+(3y^2+x^2+a^2)(dy)^2=0$ より, 原点でのヘッセ行列は, $\mathrm{diag}(-a^2,a^2)$.

第5章

問 1 (1) $f'(\theta)^2+f(\theta)^2=(1+\alpha^2)e^{-2\alpha\theta}$ より, $L(C)=\int_0^\infty \sqrt{1+\alpha^2}\,e^{-\alpha\theta}d\theta=\sqrt{1+\alpha^2}/\alpha$. (2) $f'(\theta)^2+f(\theta)^2=\alpha^2(\log(e+\theta))^{-2\alpha-2}/(e+\theta)^2+(\log(e+\theta))^{-2\alpha}$ より, $L(C)=+\infty$.

問 2 底辺の長さ $2a\sin(\pi/n)\sim 2\pi a/n$, 高さ $\sqrt{a^2(1-\cos(\pi/n))^2+(1/n^3)^2}\sim \pi a/(2n^2)$ の小 3 角形は 2 等辺 3 角形だから, その面積を S_n とすると, $\lim_{n\to\infty}n^3 S_n=(\pi a)^2/2$. 小 3 角形の個数は $n\cdot n^3$ だから, $A_n\to\infty$.

問 3

$$\iint_{x,y\geqq 0,\,x+y\leqq 1} xy\,dxdy = \int_0^1 dx\int_0^{1-x} xy\,dy = \int_0^1 x(1-x)^2/2\,dx = 1/24$$

問 4 $b'=a'=0$, $c=a=0$ の場合, $D=\{(x,y) \mid x\geqq 0, y\geqq 0, x/b+y/c'\leqq 1\}$ だから, $A(D)=bc'/2$, $\iint_D x\,dxdy = \int_0^b x\,dx\int_0^{c'(1-x/b)} dy = \int_0^b c'x(1-x/b)dx = b^2c'\int_0^1 x(1-x)dx = b^2c'/6$.

よって，$A(D)^{-1}\iint_D x\,dxdy = b/3 = (a+b+c)/3$.

同様に，$A(D)^{-1}\iint_D y\,dxdy = c'/3 = (a'+b'+c')/3$.

　一般の場合は略す．（直角 3 角形に切り分けて考えることもできる．）注. これが本来の重心の定義である．

　問 5

$$\iiiint_{x_1^2+x_2^2+x_3^2+x_4^2\leqq a^2} dx_1dx_2dx_3dx_4 = a^4\iiiint_{x_1^2+x_2^2+x_3^2+x_4^2\leqq 1} dx_1dx_2dx_3dx_4$$

$$= a^4\int_{-1}^1 dx_1\int_{-\sqrt{1-x_1^2}}^{\sqrt{1-x_1^2}} dx_2\int_{-\sqrt{1-x_1^2-x_2^2}}^{\sqrt{1-x_1^2-x_2^2}} dx_3\int_{-\sqrt{1-x_1^2-x_2^2-x_3^2}}^{\sqrt{1-x_1^2-x_2^2-x_3^2}} dx_4$$

$$= a^4\int_{-1}^1 dx_1\int_{-\sqrt{1-x_1^2}}^{\sqrt{1-x_1^2}} dx_2\int_{-\sqrt{1-x_1^2-x_2^2}}^{\sqrt{1-x_1^2-x_2^2}}\sqrt{1-x_1^2-x_2^2-x_3^2}\,dx_3\int_{-1}^1 dy_4$$

$$= a^4\int_{-1}^1 dx_1\int_{-\sqrt{1-x_1^2}}^{\sqrt{1-x_1^2}} \left(\sqrt{1-x_1^2-x_2^2}\right)^2 dx_2\int_{-1}^1\sqrt{1-y_3^2}\,dy_3\int_{-1}^1 dy_4$$

$$= a^4\int_{-1}^1 \left(\sqrt{1-x_1^2}\right)^3 dx_1\int_{-1}^1\left(\sqrt{1-y_2^2}\right)^2 dy_2\int_{-1}^1\sqrt{1-y_3^2}\,dy_3\int_{-1}^1 dy_4$$

$$= a^4\left(\int_{-\pi/2}^{\pi/2}\cos^4\theta\,d\theta\right)\left(\int_{-\pi/2}^{\pi/2}\cos^3\theta\,d\theta\right)\left(\int_{-\pi/2}^{\pi/2}\cos^2\theta\,d\theta\right)\left(\int_{-\pi/2}^{\pi/2}\cos\theta\,d\theta\right)$$

　問 7　π^2

　問 8　$1/2$

　問 9　(1) 略．　(2) $\{(x,y)\mid 0\leqq x\leqq a,\ bx\leqq y\leqq d-cx\} = \{(x,y)\mid 0\leqq x\leqq a,\ bx\leqq y\leqq ab\}\cup\{(x,y)\mid 0\leqq x\leqq a,\ ab\leqq y\leqq d-cx\} = \{(x,y)\mid 0\leqq y\leqq ab,\ 0\leqq x\leqq y/b\}\cup\{(x,y)\mid ab\leqq y\leqq d,\ 0\leqq x\leqq (d-y)/c\}$

　問 10　$x>0$ のとき，F は微分可能で $F'(x) = -2x\int_0^\infty y^{-2}\exp(-y^2-x^2y^{-2})dy = 2\int_0^\infty\exp(-y^2-x^2y^{-2})(d(xy^{-1})/dy)dy = -2\int_0^\infty\exp(-x^2z^{-2}-z^2)dz = -2F(x)$　$(z=xy^{-1})$．よって，$F(x) = e^{-2x}C$．$F(0) = \sqrt{\pi}/2$，$F(-x) = F(x)$ より，$F(x) = \sqrt{2\pi}\,e^{-2|x|}/2$．

　問 11　$F(t)^2-G(t)^2 = \int_0^\infty\int_0^\infty e^{-t(x^2+y^2)}\{\cos(x^2)\cos(y^2)-\sin(x^2)\sin(y^2)\}dxdy$ と変形して，極座標を用いよ．

　問 13　$u=x+y,\ v=x/u$

　問 14　$\int_0^{2\pi} y\,dx = \int_0^{2\pi} a^2\sin^2\theta\,d\theta = \pi a^2$

問 15 $\displaystyle\int_C \left(v\frac{\partial u}{\partial r} - u\frac{\partial v}{\partial r}\right)d\theta = \int_C \left\{v\left(\frac{\partial u}{\partial x}\cos\theta + \frac{\partial u}{\partial y}\sin\theta\right) - u\left(\frac{\partial v}{\partial x}\cos\theta + \frac{\partial v}{\partial y}\sin\theta\right)\right\}d\theta = \int_C \left\{\left(v\frac{\partial u}{\partial x} - u\frac{\partial v}{\partial x}\right)dy - \left(v\frac{\partial u}{\partial y} - u\frac{\partial v}{\partial y}\right)dx\right\} = \int_D (v\Delta u - u\Delta v)dxdy$

演習問題解答

第1章

1.1 例えば $a=0$, $b=1$ のとき, $s_n(x)=(p+1)^{-1}\{k^{p+1}-(k-1)^{p+1}\}n^{-p}$ $(n^{-1}(k-1)\leqq x<n^{-1}k;\ k=1,2,\cdots,n)$

1.2 (1) $\left|\displaystyle\int_0^\infty e^{-nx}\cos x\,dx\right|\leqq\displaystyle\int_0^\infty e^{-nx}|\cos x|dx\leqq\displaystyle\int_0^\infty e^{-nx}dx=n^{-1}\to 0.$

(2) $0\leqq\displaystyle\int_0^1\sin^2 x\{1+n\sin^2 x\}^{-1}dx\leqq\displaystyle\int_0^1 n^{-1}dx=n^{-1}\to 0.$

(3) $0\leqq\displaystyle\int_\varepsilon^1(1+n\sin^2 x)^{-1}dx\leqq\displaystyle\int_\varepsilon^1(n\sin^2\varepsilon)^{-1}dx\to 0,\ 0\leqq\displaystyle\int_0^\varepsilon(1+n\sin^2 x)^{-1}dx\leqq\varepsilon$ $(0<\varepsilon<1)$. よって, $\displaystyle\lim_{n\to\infty}\int_0^1(1+n\sin^2 x)^{-1}dx=0.$

1.3 (1) $f(k)=\displaystyle\int_0^{\pi/2}\log\left(\dfrac{1+k\sin x}{1-k\sin x}\right)\dfrac{dx}{\sin x}$ とおくと,

$f'(k)=\displaystyle\int_0^{\pi/2}\dfrac{2dx}{1-k^2\sin^2 x}=\displaystyle\int_0^{\pi/2}\dfrac{d(\tan x)}{1+(1-k^2)\tan^2 x}=\dfrac{\pi}{\sqrt{1-k^2}}=\pi\dfrac{d}{dk}(\arcsin k).$

また, $\displaystyle\max_{0\leqq t\leqq 1}\dfrac{1}{t}\log\dfrac{1+kt}{1-kt}\to 0\ (k\to 0)$ より $f(0)=0$. ゆえに $f(k)=\pi\arcsin k.$

別法. k のベキ級数に展開する.

(2) $\displaystyle\int_0^\infty\dfrac{\sin ax}{x}dx=\dfrac{\pi}{2}\mathrm{sgn}(a)$, $2\sin ax\cos bx=\sin(a+b)x+\sin(a-b)x$ だから, $\displaystyle\int_0^\infty\dfrac{\sin ax\cos bx}{x}dx=\dfrac{\pi}{2}\ (a>b>0);\ =\dfrac{\pi}{4}\ (a=b>0);\ =0\ (b>a>0).$

第2章

2.1 $g(x)=f(x)-x$ を考えると, $g(0)=f(0)-0\geqq 0$, $g(1)=f(1)-1\leqq 0$. よって, 中間値の定理より, $g(c)=0$ をみたす $0\leqq c\leqq 1$ がある. ゆえに, $f(c)=c.$

2.2 $\log a_{n+m}+\log c\leqq(\log a_n+\log c)+(\log a_m+\log c)$ だから, $\displaystyle\lim_{n\to\infty}(\log a_n+\log c)/n=\displaystyle\lim_{n\to\infty}\log\sqrt[n]{a_n}$ が存在する.

2.3 $|x|>c$ ならば, $\displaystyle\lim_{n\to\infty}|a_{n+1}x^{n+1}|/|a_n x^n|>1$ だから, $\displaystyle\sum_{n=0}^\infty|a_n x|^n=\infty$, 一方, $|x|<c$ ならば, $\displaystyle\lim_{n\to\infty}|a_{n+1}x^{n+1}|/|a_n x^n|<1$ だから, $\displaystyle\sum_{n=0}^\infty|a_n x|^n<\infty$. ゆえに, 収束半径は c.

2.4 $\displaystyle\max_{0\leqq x\leqq 1}|f(x)|=M$ とおくと, 任意の $\varepsilon>0$ に対して,

$\left|\displaystyle\int_\varepsilon^1 ne^{-nx}f(x)dx\right|\leqq M\displaystyle\int_\varepsilon^1 ne^{-nx}dx=M(e^{-n\varepsilon}-e^{-n})\to 0\ (n\to\infty).$

一方,

$$\left| \int_0^\varepsilon ne^{-nx}(f(x)-f(0))dx \right| \leqq \left(\int_0^\varepsilon ne^{-nx}dx \right) \max_{0 \leqq x \leqq \varepsilon} |f(x)-f(0)| \leqq \max_{0 \leqq x \leqq \varepsilon} |f(x)-f(0)|.$$

よって,任意の $\varepsilon > 0$ に対して,

$$\limsup_{n \to \infty} \left| \int_0^1 ne^{-nx}f(x)dx - f(0) \right| \leqq \max_{0 \leqq x \leqq \varepsilon} |f(x)-f(0)|.$$

最後に,$\varepsilon \to 0$ とすれば結論を得る.

2.5 点列を $\{a_n\}$ として,長方形を 4 等分して,無限個の a_n を含む小長方形をとれば,区間のときと同様.

第3章

3.1 $f(\lambda) = x_0^2(a-\lambda)^{-1} + y_0^2(b-\lambda)^{-1} + z_0^2(c-\lambda)^{-1}$ の増減を調べると,$f(-\infty) = 0$, $f(c-0) = +\infty$, $f(c+0) = -\infty$, $f(b-0) = +\infty$, $f(b+0) = -\infty$, $f(a-0) = +\infty$, $f(a+0) = -\infty$, $f(+\infty) = 0$ などより,$\lambda < c$, $c < \lambda < b$, $b < \lambda < a$ の 3 点で $f(\lambda) = 1$ となる.$c-\lambda$ などの符号より,この順に,楕円面,1 葉双曲面,2 葉双曲面.

3.2 $f(r\cos\theta, r\sin\theta) = (r^2/2)\sin 2\theta \sin(1/r)$ $(r > 0)$ だから,$z = (r^2/2) \cdot \sin(1/r)$ $(r > 0)$; $= 0$ $(x = 0)$ と $z = \sin 2\theta$ の積として得られるグラフになる.また,

$$(f(r\cos\theta, r\sin\theta) - f(0,0))/r = (r/2)\sin 2\theta \sin(1/r) \to 0$$

だから,$df(0,0) = 0$.しかし,

$$\partial f/\partial x = y\sin(1/r) - (x^2y/r^3)\cos(1/r) = r\sin\theta\sin(1/r) - \cos^2\theta\sin\theta\cos(1/r)$$

は $r \to 0$ で極限をもたない.$\partial f/\partial y$ も同様.

3.3 (1) $df = (3x^2+y^2-1)y\,dx + (x^2+3y^2-1)x\,dy$ より,臨界点は,$(0,0)$, $(0,\pm 1)$, $(\pm 1, 0)$, $\pm(1/2, 1/2)$, $\pm(-1/2, 1/2)$.それぞれの点での値は,$0, 0, 0$, $-1/8, 1/8$.また,$d^2f = 6xy(dx)^2 + 2(3x^2+3y^2-1)dxdy + 6xy(dy)^2$ より,$(0,0)$, $(\pm 1, 0)$, $(0, \pm 1)$ は鞍点,$\pm(1/2, 1/2)$ は極小点,$\pm(-1/2, 1/2)$ は極大点.ゆえに極値は $\pm 1/8$.

(2) $df = 2(x-y)dx + (3y^2+2y-2x)dy$ より,臨界点は $(0,0)$ のみ.$d^2f = 2(dx)^2 - 4dxdy + (6y+2)(dy)^2$ で,$2X^2 - 4XY + 2Y^2 = 2(X-Y)^2$ だから,$(0,0)$ は広義の極小点であるが,狭義の極小点でない.よって,狭義の極値はない.(注.むしろ,$f = (x-y)^2 + y^3$ と変形すると,事情が明快になる.)

3.4 $\psi_x = \partial\psi/\partial x$, $\psi_{xx} = \partial^2\psi/\partial x^2$ のように書くと，与えられた関係は，

$$\psi_{xx} = u\psi, \quad \psi_t = \psi_{xxx} + u\psi_x - 2u_x\psi.$$

これより，

$$\psi_t = 2u\psi_x - u_x\psi, \quad \psi_{tx} = (2u^2 - u_{xx})\psi + u_x\psi_x$$

$$\psi_{txx} = (5uu_x - u_{xxx})\psi + 2u^2\psi_x.$$

一方で，

$$\psi_{txx} = (\psi_{xx})_t = (u\psi)_t = u_t\psi + 2u^2\psi_x - uu_x\psi.$$

ゆえに，$u_t + u_{xxx} = 6uu_x$.

3.5 （1）　$e^a\{(x+y)/\sqrt{2}\}^2 + e^{-a}\{(x-y)/\sqrt{2}\}^2$. $p = 2$, $z = n = 0$.

（2）　$(x-y)^2 + (y-z)^2 - 2(x-z)^2 = -x^2 + 2y^2 - z^2 - 2xy - 2yz + 4zx = 3\{(x-2y+z)/\sqrt{6}\}^2 - 3\{(x-z)/\sqrt{2}\}^2$. $p = z = 1$, $n = 0$.

第4章

4.1 f は C^2 級だから，$f(x+h, y) - f(x, y) = hD_1f(x, y) + \dfrac{h^2}{2}D_1^2f(x, y) + o(h^2)$. よって，$f(x+h, y) + f(x-h, y) - 2f(x, y) = h^2 D_1^2 f(x, y) + o(h^2)$. 同様に，$f(x, y+h) + f(x, y-h) - 2f(x, y) = h^2 D_2^2 f(x, y) + o(h^2)$. よって結論を得る.

4.2 $q = p/2$ として，$u, v, w \geqq 0$, $u + v + w = 1$ のときに $u^q + v^q + w^q$ の最大値を求めればよい.

$$D = \{(u, v) \mid u \geqq 0, v \geqq 0, u + v \leqq 1\}, \quad f(u, v) = u^q + v^q + (1 - u - v)^q$$

とおく．D 内での f の臨界点は，$u = v = 1 - u - v = 3^{-1}$. 臨界点は 3^{1-q}. 境界 ∂D での最大値は，$\max\{2^{1-q}, 1\}$. よって，$0 < p < 2$ のとき，最大値は $3^{1-p/2}$ で，$p \geqq 2$ のときは 1.

4.3 $D_x = \partial/\partial x$, $D_y = \partial/\partial y$ と略記すると，$z = y + x\varphi(z)$ より，

$$D_yz = 1 + x\varphi'(z)D_yz, \quad D_xz = \varphi(z) + x\varphi'(z)D_xz.$$

したがって，

$$D_yz = (1 - x\varphi'(z))^{-1}, \quad D_xz = (1 - x\varphi'(z))^{-1}\varphi(z) = \varphi(z)D_yz.$$

すると，

$$D_x^2z = D_x(\varphi(z)D_yz) = \varphi'(z)D_xzD_yz + \varphi(z)D_xD_yz$$

$$= D_y(\varphi(z)D_xz) = D_y(\varphi(z)^2D_yz).$$

以下，帰納法による.

$u = a + \varepsilon\sin u$ をまず a と ε の関数と考えると，$\dfrac{\partial^n u}{\partial \varepsilon^n} = \dfrac{\partial^{n-1}}{\partial a^{n-1}}\left(\dfrac{\sin^n u}{1 - \varepsilon\cos u}\right)$.

よって，$\varepsilon = 0$ のとき，$\dfrac{\partial^n u}{\partial \varepsilon^n}(a,0) = \dfrac{\partial^{n-1}}{\partial a^{n-1}}(\sin^n a)$.

$$\frac{\partial u}{\partial \varepsilon}(a,0) = \sin a, \quad \frac{\partial^2 u}{\partial \varepsilon^2}(a,0) = \frac{\partial}{\partial a}(\sin^2 a) = \sin 2a,$$

$$\frac{\partial^3 u}{\partial \varepsilon^3}(a,0) = \frac{\partial^2}{\partial a^2}(\sin^3 a) = \frac{9}{4}\sin 3a - \frac{3}{4}\sin a.$$

よって，

$$u = a + \varepsilon \sin a + \frac{1}{2}\varepsilon^2 \sin 2a + \varepsilon^3\Big(\frac{3}{8}\sin 3a - \frac{1}{8}\sin a\Big)$$
$$+ \varepsilon^4\Big(\frac{1}{3}\sin 4a - \frac{1}{6}\sin 2a\Big) + \cdots.$$

4.4 単射であること．$\sin x_1/\cos y_1 = \sin x_2/\cos y_2$, $\sin y_1/\cos x_1 = \sin y_2/\cos x_2$ とすると，$\sin(x_1 \pm y_2) = \sin(x_2 \pm y_1)$. これより，$x_1 = x_2$, $y_1 = y_2$ を得る．

全射であること．y をとめて，$a = \cos y$ とおくと，$u = b^{-1}\sin x$, $v = \sqrt{1-b^2}/\cos x$ $(0 < x < \pi/2 - y)$. すると，$0 < u < 1$ であり，曲線 $v = \sqrt{1-b^2}/\sqrt{1-b^2 u^2}$ $(0 < u < 1)$ は $0 < b < 1$ のとき，正方形 $0 < u, v < 1$ を埋め尽くす．

4.5 (a) $y^2 = x^3(x-a)^{-1} \geqq 0$ より，$x > a$ または $x \leqq 0$ の範囲でこの曲線は存在し，

$$y = \pm x\sqrt{x(x-a)^{-1}} = \pm x/\sqrt{1 - a/x} = \pm x(1 + 2^{-1}ax^{-1} + o(x^{-2}))$$
$$= \pm(x + a/2) + o(x^{-1}) \ (x \to \infty).$$

したがって，$y = \pm(x + a/2)$ は漸近線．また，$x \to a + 0$ のとき，$y \to \pm\infty$ だから，$x = a$ も漸近線である．

(b) $y' = \pm\sqrt{x}(x - 2a)(x - a)^{-3/2}$ より，$y'|_{x=0} = 0$. ゆえに，$(0,0)$ は尖点．

第5章

5.1 (1) $\displaystyle\iiiint_{x_i \geqq 0, \sum_{i=1}^{4} x_i \leqq a} dx_1 \cdots dx_4 = a^4 \iiiint_{y_i \geqq 0, \sum_{i=1}^{4} y_i \leqq 1} dy_1 \cdots dy_4$

$\displaystyle = a^4 \int_0^1 dy_1 \int_0^{1-y_1} dy_2 \int_0^{1-y_1-y_2} dy_3 \int_0^{1-y_1-y_2-y_3} dy_4 = \frac{a^4}{4!}$

(2) 問5と同様にして，$\displaystyle\int\cdots\int_{\sum_{i=1}^{5} x_i^2 \leqq a^2} dx_1 \cdots dx_5 = a^5 \prod_{k=1}^{5}\int_{-\pi/2}^{\pi/2}\cos^k\theta\, d\theta = \frac{8}{15}\pi^2 a^5.$

5.2 (1) $\displaystyle\iint_{\frac{x^2}{a^2} + \frac{y^2}{b^2} \leqq 1}(x^2 + y^2)dx\,dy = \iint_{u^2 + v^2 \leqq 1}(a^2 u^2 + b^2 v^2)ab\, du\,dv$

$$= \int_0^1 \int_0^{2\pi} ab(a^2\cos^2\theta + b^2\sin^2\theta)r^3 dr d\theta = \frac{1}{4}ab\cdot\pi(a^2+b^2)$$

$$= \frac{1}{4}\pi ab(a^2+b^2)$$

(2) $\displaystyle\iint_{x>0,\,y>0,\,x+y\leqq1} x^{p-1}y^{q-1}dxdy = \iint_{0<v<1,\,0<u\leqq1}(uv)^{p-1}(u(1-v))^{q-1}u\,dudv$

$$= \int_0^1 u^{p+q-1}du\int_0^1 v^{p-1}(1-v)^{q-1}dv = \frac{1}{p+q}B(p,q) = \frac{\Gamma(p)\Gamma(q)}{\Gamma(p+q+1)}.$$

5.3 (1) $\displaystyle\iint_{x\geqq0,\,y\geqq0} e^{-(x^2+y^2+2xy\cos\alpha)}dxdy = \int_0^\infty\int_0^{\pi/2} e^{-r^2(1+\cos\alpha\sin2\theta)}r\,drd\theta$

$$= \int_0^{\pi/2}\frac{d\theta}{2(1+\cos\alpha\sin2\theta)} = \int_{-\pi/4}^{\pi/4}\frac{d\varphi}{2(1+\cos\alpha\cos2\varphi)}$$

$$= \int_{-1}^1\frac{dt}{2(1+t^2+(1-t^2)\cos\alpha)} = \frac{1}{4\cos^2(\alpha/2)}\int_{-1}^1\frac{dt}{1+(t\tan(\alpha/2))^2}$$

$$= \frac{1}{\sin\alpha}\arctan(t\tan(\alpha/2))|_{t=-1}^1 = \frac{\alpha}{2\sin\alpha}$$

(2) $\displaystyle\iiint_{x^2+y^2+z^2\leqq1}\frac{dxdydz}{\sqrt{1-x^2-y^2-z^2}} = \int_0^1\int_0^\pi\int_0^{2\pi}\frac{r^2\sin\theta\,drd\theta d\varphi}{\sqrt{1-r^2}}$

$$= 4\pi\int_0^1\frac{r^2dr}{\sqrt{1-r^2}} = 4\pi\int_0^{\pi/2}\sin^2\psi\,d\psi = \pi^2$$

5.4 (1) $\displaystyle\iint_{x,y>0} f(a^2x^2+b^2y^2)dxdy = \iint_{u,v>0} f(u^2+v^2)\frac{dudv}{ab}$

$$= \frac{1}{ab}\int_0^\infty\int_0^{\pi/2} f(r^2)r\,drd\theta = \frac{\pi}{2ab}\int_0^\infty f(r^2)r\,dr = \frac{\pi}{4ab}\int_0^\infty xf(x)dx$$

(2) $\displaystyle\iint_{x^2+y^2<1}\frac{f(ax+by)}{\sqrt{1-x^2-y^2}}dxdy = \int_0^1\int_0^{2\pi}\frac{f(\sqrt{a^2+b^2}\,r\cos\varphi)}{\sqrt{1-r^2}}r\,drd\varphi$

$$= 2\int_0^1\int_0^\pi\frac{f(\sqrt{a^2+b^2}\,r\cos\varphi)}{\sqrt{1-r^2}}r\,drd\varphi.$$

ここで，$\cos\theta = r\cos\varphi$ として変数を (r,θ) に変換すると，$r\,drd\varphi = \sin\theta(1-r^{-2}\cos^2\theta)^{-1}drd\theta$．また，$0<a<1$ のとき，

$$2\int_a^1(1-r^2)^{-1/2}(1-a^2r^{-2})^{-1/2}dr = \int_{a^2}^1(1-u)^{-1/2}(u-a^2)^{-1/2}du = \pi.$$

よって求める積分は，

$$\pi\int_0^\pi f(\sqrt{a^2+b^2}\cos\theta)\sin\theta\,d\theta$$

となる．

5.5 3次方程式の根から面積を求めることも不可能ではないかも知れないが，ここでは線積分を用いる．$x=3at(1+t^3)^{-1}$，$y=3at^2(1+t^3)^{-1}$ $(0<t<\infty)$ がループの部分 C (C は正の向きにループをまわる) だから，C の囲む面積は，

$$\int_C y\,dx = \int_0^\infty \frac{3at^2}{1+t^3}\,d\Big(\frac{3at}{1+t^3}\Big) = \int_0^\infty \frac{9a^2t^2(1-2t^3)}{(1+t^3)^3}\,dt$$

$$= 3a^2 \int_C \frac{3t^2}{1+t^3}\Big(\frac{3}{(1+t^3)^2} - \frac{2}{1+t^3}\Big)dt$$

$$= 3a^2 \int_0^\infty \Big(\frac{3}{(1+u)^3} - \frac{2}{(1+u)^2}\Big)du = -\frac{3}{2}a^2 .$$

漸近線 $x+y=-a$ と $x=3at(1+t^3)^{-1}$, $y=3at^2(1+t^3)^{-2}$ $(-\infty<t<-1,\ -1<t<0)$ に囲まれる部分の面積は,

$$\int_{t=-\infty}^{t=-1}(x-y)dx + \int_{t=-1}^{t=-\infty}(x-y)dx = 9a^2, \quad \int_0^1 \frac{s(1-s)^2}{(1+s+s^2)^3}\,ds = \frac{3}{2}a^2.$$

5.6 $L: x=a+t(b-a),\ y=a'+t(b'-a')\ (0\leqq t\leqq 1)$ のとき,

$$\int_L \frac{1}{2}(x\,dy - y\,dx) = \int_0^1 \frac{1}{2}\{a(b'-a')-a'(b-a)\}dt = \frac{1}{2}\begin{vmatrix} a & a' \\ b & b' \end{vmatrix},$$

$$\int_L x^2 dy = \int_0^1 \{a+t(b-a)\}^2(b'-a')dt = \Big\{a^2+a(b-a)+\frac{1}{3}(b-a)^2\Big\}(b'-a')$$

$$= \frac{1}{3}(a^2+ab+b^2)(b'-a'),$$

$$\int_L y^2 dx = \frac{1}{3}(a'^2+a'b'+b'^2)(b-a)$$

となる. よって,

(1) $\dfrac{1}{2}\begin{vmatrix} a & a' \\ b & b' \end{vmatrix} + \dfrac{1}{2}\begin{vmatrix} b & b' \\ c & c' \end{vmatrix} + \dfrac{1}{2}\begin{vmatrix} c & c' \\ a & a' \end{vmatrix} = \dfrac{1}{2}\{a(b'-c')+b(c'-a')+c(a'-b')\}.$

これを A とおくと, A はこの 3 角形の符号つき面積である.

(2) $\dfrac{1}{3}\{(a^2+ab+b^2)(b'-a')+(b^2+bc+c^2)(c'-b')+(c^2+ca+a^2)(a'-c')\} = \dfrac{1}{3}(a$
$+b+c)\{(c-b)a'+(a-c)b'+(b-a)c'\} = \dfrac{2}{3}(a+b+c)A.$

(3) $\dfrac{2}{3}(a'+b'+c')A.$

索　引

C^0 級関数　　76
C^1 級関数　　76

ア 行

悪魔の階段　　33
アダマールの変形　　77
アルキメデス渦線　　119
鞍点　　79
イェンセンの不等式　　10
1 葉双曲面　　69
一様に積分可能　　28
一様連続　　58
陰関数　　105
陰関数定理　　107
因数定理　　61
円　　118
重みつきの積分　　153, 154
重みつきの面積　　153

カ 行

開集合　　56
回転放物面　　64
下極限　　48
下限　　36
カントール関数　　32, 51
ガンマ関数　　159
ギブズの変分原理　　105
ギブズ分布　　116
境界　　100
境界点　　100
極小値　　78
極小点　　78
　　狭義の――　　78
　　広義の――　　78
曲線の追跡　　118
極大値　　78
極大点　　78
極値　　78
グリーンの公式　　167
結節点　　121
懸垂線　　119
項別積分定理　　13
コーシー–アダマールの公式　　47, 49
固有値　　87
固有ベクトル　　87
孤立点　　121

サ 行

サイクロイド　　119
最大値の定理　　45
指数　　90
疾走線　　127
集積点　　48
縦線集合　　140
収束半径　　13, 47
　　ベキ級数の――　　47
上極限　　48
上限　　36
シルベスターの標準形　　90
心臓形　　119
数空間　　55
スペクトル半径　　41
正定値行列　　85
星芒形　　119
積分　　3, 7, 19, 138
　　――の基本性質　　4

190——索 引

——の線形性　4
——の単調性　4
——の非負性　4
——の変数変換の公式　158
——の有界性　5
重みつきの——　153, 154
平面図形上での——　138
積分可能　9
積分区間
——に関する加法性　5
絶対収束　13
接平面　71, 78
——の方程式　73
線織面　69
線積分　162
尖点　121
全微分　162
双曲放物面　66
増分の公式　81

タ 行

第1種不連続関数　39
退化　68, 86
対角化
対称行列の——　89
対称行列　85
——の対角化　89
大数の弱法則　54
楕円放物面　65
楕円面　69
単関数　2, 19
——近似可能　6, 19
チェビシェフの不等式　54
中間値の定理　38
中線定理　56
直交行列　88

直交変換　88
テイラーの多項式近似定理　97
点列コンパクト　57
トラクトリクス　119

ナ 行

内積　56
内部　100
長さ　130
二項分布　53
2次近似可能性　81
2次形式　86
——の標準形　88
2次同次関数　67
——の標準形　68
二分法　41
2葉双曲面　70
ノルム　56

ハ 行

波動方程式　96
非退化　86
微分　71, 72
微分可能　71, 76
微分積分学
——の基本公式　9
標準形
2次形式の——　88
2次同次関数の——　68
不定　86
負定値行列　85
フビニの定理　20
部分列　43
平均値の定理　80
閉区間縮小の原理　42
閉集合　56

閉包　*100*

平面　*63*

ベータ関数　*159*

ヘッセ行列　*85*

ヘビサイド関数　*3*

ヘルダー連続　*51*

ヘロンの公式　*105*

偏微分

　　——の順序交換　*80*

方向微分　*74*

放物筒　*66*

母関数　*52*

ボルツァーノ–ワイエルシュトラスの定

　　理　*44*

　　多次元での——　*57*

マ 行

魔女の帽子　*11*

密度関数　*154*

密度定理　*155, 156*

面積　*1*

　　重みつきの——　*153*

面積確定　*134*

モース指数　*90*

ヤ 行

有界集合　*56*

ユークリッド距離　*56*

葉状形　*119*

ラ 行

ラグランジュの未定乗数法　*115*

ラプラシアン　*95*

卵形線　*124*

ランダウの記号　*71*

リサージュ曲線　*119*

リプシッツ連続　*51*

リーマン積分　*145*

リーマン和　*8, 145*

臨界値　*79*

臨界点　*79*

累次積分　*20*

　　——の順序交換　*20*

ルベーグ積分　*17*

レイリーの原理　*87*

劣加法的　*39*

連鎖律　*94*

連珠形　*119*

連続　*57*

ワ 行

ワイエルシュトラスの多項式近似定理

　　51

高橋陽一郎

　1946 年生まれ
　1969 年東京大学理学部数学科卒業
　東京大学・京都大学名誉教授
　専攻　確率解析・力学系
　2019 年没

現代数学への入門 新装版
微分と積分 2——多変数への広がり

2003 年 9 月 25 日　第 1 刷発行
2009 年 1 月 6 日　第 3 刷発行
2024 年 1 月 25 日　新装版第 1 刷発行

著　者　　高橋陽一郎

発行者　　坂本政謙

発行所　　株式会社 岩波書店
　　　　　〒101-8002 東京都千代田区一ツ橋 2-5-5
　　　　　電話案内 03-5210-4000
　　　　　https://www.iwanami.co.jp/

印刷製本・法令印刷

現代数学への入門 （全16冊〈新装版＝第1回7冊〉）

高校程度の入門から説き起こし，大学2〜3年生までの数学を体系的に説明します．理論の方法や意味だけでなく，それが生まれた背景や必然性についても述べることで，生きた数学の面白さが存分に味わえるように工夫しました．

微分と積分1——初等関数を中心に	青本和彦	新装版 214頁	定価2640円
微分と積分2——多変数への広がり	高橋陽一郎	新装版 206頁	定価2640円
現代解析学への誘い	俣野 博	新装版 218頁	定価2860円
複素関数入門	神保道夫	A5判上製 184頁	定価2640円
力学と微分方程式	高橋陽一郎	新装版 222頁	定価3080円
熱・波動と微分方程式	俣野博・神保道夫	新装版 260頁	定価3300円
代数入門	上野健爾	岩波オンデマンドブックス 384頁	定価5720円
数論入門	山本芳彦	新装版 386頁	定価4840円
行列と行列式	砂田利一	品 切	
幾何入門	砂田利一	品 切	
曲面の幾何	砂田利一	品 切	
双曲幾何	深谷賢治	新装版 180頁	定価3520円
電磁場とベクトル解析	深谷賢治	A5判上製 204頁	定価2970円
解析力学と微分形式	深谷賢治	品 切	
現代数学の流れ1	上野・砂田・深谷・神保	品 切	
現代数学の流れ2	青本・加藤・上野 高橋・神保・難波	岩波オンデマンドブックス 192頁	定価2970円

———— 岩波書店刊 ————

定価は消費税10%込です
2024年1月現在